《政治与公共管理学术文库》

总主编：张康之

本书的写作和出版获得以下机构和项目的资助：重庆市人文社科重点研究基地"西南政法大学中国社会稳定与危机管理研究中心"；重庆市十三五重点一级学科——西南政法大学公共管理学科资金项目；重庆市本科一流专业建设项目；重庆市教委人文社科重大理论研究阐释专项课题"重庆市领导干部法治德治素养提升路径研究"（18SKCS003）。

公共部门科技人才政策研究
——以湖北省女性科技人才成长为例

肖军飞　著

On the Policy of Scientific and Technological Talents in
Public Sectors: A Case Study of the Female Scientific and
Technological Talents in Hubei Province

吉林大学出版社

·长春·

图书在版编目（CIP）数据

公共部门科技人才政策研究：以湖北省女性科技人才
成长为例/肖军飞著. —长春：吉林大学出版社，2019.8
ISBN 978-7-5692-5121-0

Ⅰ.①公… Ⅱ.①肖… Ⅲ.①女性－技术人才－人才
政策－研究－湖北 Ⅳ.① G316

中国版本图书馆 CIP 数据核字 (2019) 第 151588 号

书　　名	公共部门科技人才政策研究——以湖北省女性科技人才成长为例	
	GONGGONG BUMEN KEJI RENCAI ZHENGCE YANJIU——YI HUBEI SHENG NÜXING KEJI RENCAI CHENGZHANG WEI LI	
著　　者	肖军飞　著	
策划编辑	李承章	
责任编辑	安　斌	
责任校对	高欣宇	
装帧设计	罗　雯	
出版发行	吉林大学出版社	
社　　址	长春市人民大街 4059 号	
邮政编码	130021	
发行电话	0431-89580028/29/21	
网　　址	http://www.jlup.com.cn	
邮　　箱	jdcbs@jlu.edu.cn	
印　　刷	天津雅泽印刷有限公司	
开　　本	787mm×1092mm　1/16	
印　　张	12	
字　　数	200 千字	
版　　次	2019 年 8 月　第 1 版	
印　　次	2019 年 8 月　第 1 次	
书　　号	ISBN 978-7-5692-5121-0	
定　　价	48.00 元	

目　录

第一章　绪　论

第一节　研究缘起及意义

女性科技人才是我国人才结构中的重要战略资源，作为社会发展的关键性资源和平衡器始终发挥着独特作用。关爱和发展女性科技人才维系着科学技术发展，推动科技创新，有利于实现性别公正、性别和谐，促进社会文明进步。我国人才发展正由生存型创业发展模式向机会型创业模式转变，这将使得更多的高层次女性科技人才脱颖而出。我国女性科技工作者有800多万人，其总人数仅为男性科技工作者的1/3，其中，担任要职或从事尖端科技研究的女性科技人才则少之又少。在国家"973计划"——国家重点基础研究发展计划项目中，总共175名首席科学家中只有8名女性；"863计划"——国家高技术研究发展计划中，六大领域的专家委员会主任、19个专家组组长没有一名由女性担任，且女性科技人才多集中在教育、生物等领域。

女性科技人才的发展程度成为联合国衡量各国"性别赋权指数（GEM）"的重要指标之一，它又是评估世界各国民主政治水平的重要指标。《国家中长期人才发展规划纲要（2010—2020年）》指出：要营造充满活力、富有效率、更加开放的人才制度环境。原全国妇联主席陈至立在题为《中国妇女与中国科技事业》的报告中指出：女性需要科技，科技需要女性。发达国家和地区的实践经验表明，健全的科技政策能够顺利实现自主创新，创造良好的发展环境。目前，我国的女性科技人才发展实现了数量和能力的提升，与经济社会发展的速度、质量与效益得到同步提高，这彰显了女性科技人才在建设中国特色社会主义伟大事业中迸发出无穷无尽的活力。因此，构建有利于女性科技人才发展的科技政策，改善女性科技人才的成长环境，提升女性科技人才的自主创新能力，成了实现创新型社会的重要战略目标，研究女性科技人才成长与科技政策有着十分深刻的现实意义。

随着知识经济发展和科技国际化的推进，科技人才的培养和创新能力的提升对我国经济发展的作用越来越强。我国的"科技兴国""构建创新型国家"等战略目标的提出，反映了国家发展从发展型战略向人本型战略转移，这为科技人才提供了良好的发展机遇。构建具有区域性、行业性和性别价值维度的科技人才政策，是我国现阶段社会发展的客观需求。20世纪90年代以来，湖北省出台了众多科技人才政策和配套措施，这大大促进了湖北省科技、经济和社会的发展。但是，作为中部发展龙头省，湖北省还缺乏与市场经济相适应的科技政策，这不利于科技人才特别是女性科技人才的发展。2012年，全国人大会议期间湖北省代表团提出了"将构建长江中游城市集群纳入国家战略"这一议案，就是以构建科技人才政策为特色的。

基于上述，我国女性科技人才处于发展与困境并存的状态，女性科技人才得到了战略政策、政府管理的回应与关注，同时女性科技人才在发展中的非均衡性、性别非公正性困境不容回避。本书以克朗的政策系统理论为依据，以科技政策与女性科技人才发展关系作为研究主题，通过实证考察和理论论证我国科技政策关于女性科技人才发展的问题，力争构建有利于女性科技人才发展的科技人才政策。具体而言，本研究意义有以下四点。

第一，有利于进一步开发女性科技人才资源，提高科技竞争力。进入21世纪以来，我国社会发展模式由劳动力密集型向知识密集型发展转变，科学技术发展水平将直接决定社会发展进程和综合国力。"科学发展观"等战略得以实现的关键在于培育出数量多、质量高的科技人才队伍。我国的女性科技人才占科技人才总数的1/3，她们成了科技发展的重要一极，是最具有潜力的队伍。女性科技人才作为新时期科技领域发展的新生力量，对于她们的发展状况展开研究，将有利于开发女性科技人才资源，充分发挥她们的科技创新能动性，推动我国科技发展与进步，提高科技综合竞争力。

第二，有利于为一般人力资源开发提供示范。对此问题展开研究，将为我国女性人力资源有效开发提供参考模式。体现为：在人力资源开发中要兼顾"以人为本"和"可持续发展"的原则，兼顾女性心理需要、社会发展、科技政策之间的平衡，引导女性人才资源发展走向，实现经济社会与女性人才共生发展。

第三，有利于推动社会性别和谐发展。从科技人才发展的实际情况看，女性要想进入科研领域并有所成就，会有许多显性和隐性的障碍。而科研领域发展从一个侧面反映了社会的整体发展状况。因而，分析女性科技人才发展状况，探究男女科技人才成长与发展的差异性，总结女性科技人才成长的经验，有利于构建女性科技人才资源开发模式，这不仅能推动女性科技人才成长与发展，涌现更多的优秀女性科技人才，更能以此为示范，推动社会性别和谐发展。

第四，从理论层面看，对女性科技人才发展相关的科技政策和政府管理展开研究，将有一定的理论建构与创新。目前，科技政策是新兴的研究领域，但又缺乏系统化的研究成果。科技政策如何突出行业维度、性别维度？如何评价科技政策运行的绩效？如何构建良性的政府管理模式？女性科技人才成长的一般性和特殊性规律是什么？这些问题都有待于学术界的研究。本书将通过国家的科技政策和湖北省的科技政策从不同层面来分析女性科技人才的激励作用和空间效应，实现如下研究目的。

第一，探究科技政策理论。本书通过对国内外研究文献的整理和分析，对科技政策的相关理论进行界定，挖掘科技政策的内涵，对现有的主要科技政策进行归总，为科技政策评价提供参考。

第二，梳理不同层面的科技政策。本书在收集大量国内外文献的基础上，对科技政策的历史进程、主要内容、空间效应进行系统分析，从而为评价科技政策奠定基础。

第三，系统评估科技政策的绩效。在界定科技政策概念、科技政策构成的基础上，重点评价科技政策运行的绩效。根据科技人才在各领域发展的不同情况，以及科技政策的空间分布变化，对科技政策效果进行评价。本书将对科技政策在女性科技人才激励相关性的宏观层面、中观层面和微观层面效果进行深入分析。

第四，构建具有差异性的特色科技人才政策。本书通过判断科技领域中的女性人才发展水平，探索女性科技人才成长规律，发现科技人才政策制定中的性别盲点，为政府、妇联与相关社会组织决策提供一定的参考。

第二节　研究综述

一、国外研究现状：女性科技人才的相关研究

国外对于女性科技人才的研究缘起于女性主义和社会性别研究，归纳起来，大致可分为四个阶段。

第一阶段为科技人才的性别差异研究。科技史研究专家萨顿在《科学史和新人文主义》一书中提出，无论科学活动的成果是多么抽象，它本质上是人的活动，是人的满怀激情的活动；相对于男性科技工作者更注重对世界的理性审视和规律探求，女性科学家更注重生命意义的感悟。美国学者朱克曼、科尔在《美国科学中的妇女》一文中首次从社会学角度系统考察了美国科学界的性别分化问题，指出在科学界男性事实上占据了主导地位。大量实地调查发现，女性科学家在工作中的声望、科技产出、提拔等方面远低于男性科学家，尤其是在诺贝尔等顶尖科技奖项中，男女性别差异显著，女性科学家明显缺失。科尔和辛格在《有限性别差别理论：解释科学界的产出之谜》一书中提出了有限性别思想，认为科技在性别之间的差异是由于一系列外在因素的"激发"和内在的"回应"所致。外在的"激发"要素包括了科研机构级别、科研投入费用、成果发表级别、社会政策、家庭和婚姻影响。内在的"回应"产出包括了科研威望、地位、科研收入和科研成果应用程度。在激励机制和回应机制选择中，男女科技工作者存在有限和细微的差异，但不断积累的细微差异则会出现"滚雪球效应"，最终导致男女科技工作者在人员数量、科研产出质量等方面的差异。哈特指出，相比发达国家，发展中国家的企业在吸引女性科技人才时，由于制度导向非规范性的原因，需更多考虑社会关系方面的挑战，诸如家庭、社会舆论等因素。

第二阶段为科技共同体研究。对科技共同体研究成就最为突出的是默顿及其代表的社会学主流学派。他们提出科学共同体的社会规范包括普遍主义、公有主义、无私利性和有条理的怀疑主义。默顿在其博士毕业论文《17世纪英格兰的科学、技术与社会》中认为：个人的社会选择、社会制度的匹配和互动程度决定了他们获取发展资源和发展机会的差异。如果个体选择与社会制度相一致，他将获得优势的资本积累，得到工作机会和各类的奖励。科学精英，被看成是适合于社会制度要求的天才，他们在社会组织和社会群体活动中开展科研工作，会不断获取社会资本的优势。

之后默顿学派开始大规模展开科学群体研究，默顿的妻子朱克曼在《科学界的精英》一书中，选取了1901—1972年的92位诺贝尔奖获得者，通过资料搜集和实地访谈探求了他们的生活和科研经历，从社会政策、教育制度和个体奋斗情况进行分析，探索了诺贝尔奖获得者成长的一般规律。默顿的学生科尔兄弟在《科学界的社会分层》一书中分析了科学共同体的社会分层对青年科学家成长的影响，包括良好的家庭经济条件与家庭教育传统的影响、名校教育与名师指导的影响、灵活的人才选拔机制的影响、知名科研机构和团队资源积累优势的影响。

　　第三个阶段为女权主义视角下的科技关系研究。此研究从文化和认识论角度论述了在科技领域中性别不平等的问题，提出了科学界存在的性别不平等与歧视现象，呼吁妇女享有和男性一样的权利与地位。具体包括以下几个议题的研究：妇女与科学发展史问题的研究，关注妇女在科学技术发展中的积极作用和历史地位，如罗斯特的《美国的女科学家：1940年之前的斗争与策略》（1982）、斯宾塞的《无性别意识？近代科学初期的妇女》（1989）等代表著作；妇女与当代科学问题的研究，关注女性在科学界所处地位与问题，指出了一些性别差异现象，如哈斯和佩尔合编的《科学与工程专业中的妇女》（1954）、卡哈比所编的《科学界的妇女》（1985）；对科学的性别主义反思的研究，着重分析科学中的性别不平等，批判传统科学中的男性文化，如贝尔的《科学与性别》（1984）、哈丁的《女性主义中的科学问题》（1986）等。目前，西方学术界出现了新的女权主义理论，从历史和哲学高度提出要构建科学的女性主义理论，这与当前国内学术界倡导的构建具有性别敏感度的科学决策是一致的。

　　第四个阶段为有关女性科技人才相关问题的多元视角研究。霍尔顿在《科学生涯中的性别差异》（1995）和《谁在科学上获得成功：性别视角》（1995）中，以一个大型项目建设为基点，来探讨科学家的生涯模式和性别差异。芭芭拉和亚当斯在人才流动要素研究中发现：性别差异性是影响人才流动最重要的要素，它大大超过了年龄、家庭环境、工作环境、工作机制等要素。道格拉斯和托德从员工流动明显和不明显进行分析，性别归为不明显要素，性别要素也超越了种族、婚姻状况、家庭人数、教育背景、工作任期等外部要素。多元视角抛开了传统宏观层面女权主义研究视角，进而转向了对影响人才的性别差异性研究。

二、国内研究现状：女性科技人才的相关研究

国内有关女性科技人才的研究开始于 20 世纪 80 年代，之后的 20 多年间，学者们进行了大量实证调查与理论研究，研究特征如下。

（一）女性问题研究的学科研究制度化建设初具规模

20 世纪八九十年代以来，女性问题研究日趋活跃，一大批学者关注女性发展和性别平等研究。1999 年 12 月，中国妇女研究会成立，该组织是研究妇女理论的全国性的学术团体。该组织的成立标志着我国女性问题研究步入了正轨。之后，该组织召开了许多重要会议，其中包括"中国妇女就业论坛"（2002 年）、"两性平等与和谐社会构建"（2007 年）、"改革开放三十年中国妇女／性别研究"（2008 年）、"全球背景下的性别平等与社会转型：'基于全球的、跨国的和各国的现实与视角'国际研讨会"（2009 年）等大型研讨会，与会学者广泛开展了有关女性人才开发情况及其发展对策的研究，为党和政府部门进行人才立法和人才决策提供了政策咨询。2011 年，中国妇女研究会在北京召开了 2011 年中国妇女研究会年会暨"新时期中国妇女发展与性别平等"研讨会，与会期间，蒋永萍等学者认为尽管女性高层次人才贡献度较高，但由于传统的社会分工和交往方式、社会支持度和科技决策的男性化倾向、无性别差异的激励政策和退休政策等要素制约了她们的成长。罗瑾琏提出了"女性科技人才学术网络"的思想，"女性科技人才学术网络"具有"规模小""强度高""边缘化"的静态特征，同时又具有"黏度高""演化慢"的动态特征，主张通过主动提供帮助和尊重欣赏、开放分享、遵守学术道德等措施有效构建理想的学术网络。学术网络分为建构、发展、成熟、重构四个阶段，每个阶段都有一定的女性化特征。何玲也从社会性别视角对自 1992 年以来广西女性专业技术人才的培养进行了探讨，广西女性专家获评年龄偏大且集中在所谓女性优势领域和行业，国家应制定促进高层女性人才发展的特别措施。[1]

---

[1] 姜秀花，等. 2011 年中国妇女研究会年会暨"新时期中国妇女发展与性别平等"研讨会综述 [J]. 妇女研究论丛，2012.

（二）女性科技人才的开发研究

《人才学辞典》把科技人才界定为："科学人才和技术人才的略语。是在社会科学技术劳动中，以自己较高的创造力、科学的探索精神，为科学技术发展和人类进步做出较大贡献的人。"汪群等在《科技人才素质测评理论与应用》一书中认为，科技人才包含四个特征：从事科学和技术工作；有专门的知识和技能；有很高的创新精神；对科技发展和社会进步有突出成就。科技人才的内涵和外延不是固化的，它是随着经济社会发展不断延伸的。国内有关女性科技人才的研究集中在以下方面。

1. 女性科技人才开发现状的研究

大多数研究成果认为，女性科技人才发展取得了长足进步，女性科技人才发展已经纳入了国家顶层制度设计和地方人才战略政策之中，这为女性科技人才发展注入了制度的动力。从整体来看，我国女性科技人才发展速度较快，总数较大，对社会经济发展和政治文明进步都有着独特的示范作用，但女性科技人才结构性不平衡和显性性别差异事实存在。据中国科协统计，截至2009年底，中国女性科技人力资源数量已超过2000万人，占国家科技人力资源总量的37%，仅有25.7%的女性具有高级专业技术职称。四川省妇女联合会课题组认为：女性科技人才聚集在传统优势行业，受体制和机制的制约，女性科技人才没有得到合理配置和使用，她们的自我素质有待提高。陈方认为，虽然经过多年努力，国家制定了旨在激励科技人才成长的政策，但这些人才政策对女性科技人才成长的指导性不强，在促进女性科技人才充分发挥作用方面效果不甚明显。

2. 女性科技人才开发缓慢原因的研究

从大多数研究成果看，女性科技人才开发缓慢原因主要有三个方面：首先为历史原因，表现为传统文化的性别偏见导致了女性从事科学研究的门槛较高，困难更多。其次为社会因素，包括有关女性科技人才在准入、培训、激励、更新等制度与政策方面的缺失。最后为女性个体原因，表现为女性的心理劣势、知识结构单一和领导力低下、繁重的家庭任务等，很大程度上影响了女性科技人才的发展。

3. 女性科技人才开发的对策研究

归纳起来主要有三个方面。第一，从观念上改良性别文化，优化女性科技人才发展的社会大环境。刘筱红教授认为，核心对策是从思想层面改变社会性别偏好，唤醒社会对女性的尊重，构建和谐的性别文化，实现科技人才的包容性发展和可持续发展。第二，构建系统的女性科技人才开发机制。黄约认为，需建立充满活力的科技人事制度，制定合理的女性科技人才劳动年龄政策。张丽俐认为，需创新女性科技人才成长的激励机制，设立专项基金和科研基金等。第三，提高女性科技人才的素质。孙健敏等认为，女性科技人才的个体创造性不如男性，要改变女性科技人才偏好保守的习惯，提高她们的素质，提升她们的创新速度和创新能力。宋卫平认为，女性科学家要改变女性的定位和性格期望等狭隘观念，端正男女性别群体的认识方法，不断增强自我科技意识与科研能力。

根据人才学理论，从微观案例和个案入手调查，以女性科技人才的素质、成长规律等视角切入分析女性科技人才这一特殊主体，揭示女性科技人才在任用、培育、使用和更新等机制中的规律。潘朝晖以安徽省科技人才为分析对象，重点探析了男女科技人才在生活、教育和工作方面的差异性；他还发现男女科技人才对人才政策的了解程度，以及工作流动意向等也存在差异；认为公共部门和企业在科技人才使用上应充分体现效率、公正和"以人为本"等原则。黄约深入分析了影响女性科技人才开发的主要因素，提出民族地区要进一步解放思想，抛弃保守传统观念，勇于实践，培育新理念，采取新措施，充分挖掘女性科技人才的宝贵资源。

三、国外研究现状：科技政策的相关研究

科技政策的研究是伴随着公共政策学科兴起而出现的，其研究的广度、深度和成就取决于公共政策学科发展的程度。

（一）科技政策缘起与内涵的研究

国外对于科技政策的研究是二战后随着西方国家科技迅猛发展而进入学术研究范畴的，相比公共政策的研究，科技政策的研究还缺乏相应的规范。贝尔纳的《科学的社会功能》（1939）被认为是科技政策研究的奠基之作，作者在书中论述了科技政策的许多相关性问题，最后大胆预测了科技政策必将成为学者关注的热点。库恩在《科学革命的结构》（1963）一书中提出了科技政策研究的一般范式和科技共同体的思想。赖斯在《小科学、大科学》（1962）一书中提出，计量学、公共政策学等将成为科技政策研究的方法论。1963年，在联合国科学技术会议上，对科技政

策进行了专业性定位："科技政策指的是一个国家或地区为强化其科技潜力，以达成其综合开发之目标和提高其地位，而建立的组织、制度及执行方向的总和。"[1] 日本科技政策研究专家乾侑在《日本科技政策》（1987）一书中给科技政策下了较为严谨的定义，即为了有效配置社会资源，实现科学技术与环境发展的协调性，规范公共部门和民间组织的科学技术活动，由国家立法部门和政府部门共同组织实施旨在推动和保障科学技术的行动方案，以及为实施行动方案而推行的各类行动总和。

（二）科技政策应对社会发展调整的研究

从西方学者对于科技政策研究成果看，可分为三个时期。

第一个时期：20 世纪 40—60 年代末，表现为科技政策积极应对社会发展的研究。布特在《科学——无止境的前沿》（1945）咨询报告中指出：面对各类复杂的科技活动，公共部门应及时制定有效的科技政策以回应社会挑战，主张将新的线性概念作为科技政策的理论根基。

20 世纪 50 年代，进入了科技体制的研究阶段。许多西方国家建立了相应的研究科技政策的院所，建立了同行评议法和科技项目评估的标准。此时的研究反映出了当时特定社会环境变化，主张科技体制既要立足科技发展，又要服务于冷战时期的政治思维和军事诉求。

第二个时期：20 世纪 70—90 年代初，科技政策研究转向为追求经济稳定、讲求实际效益等问题。联合国经济合作与发展组织发表的工作报告指出：科技政策应注重科技发展以实现社会效益提升，科技政策价值导向应从单一经济增长的发展向提升人们生活质量和增加社会福利转变。克莱因和罗森伯格提出了科技政策的"创新链环模型"，该模型认为科技研究越来越受到经济活动、社会发展影响，科学研究必须与应用目标相结合，科技政策应积极回应社会诉求。马丁和乔治松（1983）提出了科技政策制定应积极把全民纳入进来，改变以往科技政策由少数人决定的弊端。里格斯（1987）提出了任务型科技政策和分散型科技政策，任务型科技政策主要以美国、法国、英国为代表，分散型科技政策主要以德国、瑞士、瑞典为代表。之后，科技政策研究被广泛应用于政府的公共管理领域之中，美国的"星球大战计划"，欧洲的"尤里卡计划"，苏联的"东方尤里卡计划"和日本的"人类研究新领域计划"

---

[1]　王卉珏. 科技政策制定的理论与方法研究 [D]. 武汉：武汉理工大学，2005.

都是科技政策与研究成果应用的典型。

第三个时期：20世纪90年代以来，科技政策研究进入多学科的研究阶段。科技政策理论中的技术国家主义与技术全球主义两大理论派别竞相发展，两大理论都主张科技政策要针对国内外科技发展实施不同程度和倾向性的支持和调适，因而这一时期的科技政策研究更多融合了政策科学、决策科学、系统分析等基础理论成果，又结合了当代计算机技术、经济学中的先进技术和模型。

四、国内研究现状：科技政策的相关研究

（一）我国具体科技政策的研究

崔禄春（2002）在其博士论文《建国以来中国共产党科技政策研究》中，系统地对我国50多年来的科技政策发展脉络进行了梳理，明晰不同时期科技政策的形成与实施历程，并对经验与教训进行客观总结。汪涛（2001年）以中国入世为视角，分析科技政策干预和失灵的问题，主张科技政策调节应着眼于基础性、公共性和外溢性公共领域。张红波以《国家中长期科技发展规划纲要（2006—2020年）》为视角分析了我国科技政策的价值取向，提出了全面落实以人为本的科技政策价值取向和各项措施。刘烁提出，进一步改善科技政策制定的民主与法治环境，关注政策制定与施行系统的环境。李洁指出，我国科技政策存在着系统性、协调性、时效性、民主化程度低、伦理缺失等问题。成良斌（2002）总结性归纳了我国科技政策理论研究与应用的领域，分别为科技政策的应用性研究、科技政策的环境研究、科学技术传播的政策研究，同时还指出了当前科技政策研究的重点与热点：技术创新的研究、高技术及其产业化的研究、财政税收政策的研究、风险投资机制的研究、国家创新系统的研究、战略性政策研究等。

（二）关于科技政策规划的研究

禹龙、刘吉等在《论科技政策》中指出，科技政策规划需遵循针对性原则、清晰性原则、两重性原则和系统性原则。万劲波在《技术预见：科学技术战略规划和科技政策的制定》（2002）一文中指出，国际的APEC中心为科技政策提供的战略

规划分析工具，可以用来分析科技政策失灵。幺红杰提出了对科技规划评估应遵循"计划设计—目标量化—项目选择—过程监测—评估—反馈—计划再设计"的流程。武勤、朱光明等对日本的《关于科学技术相关人才培养与使用的意见》进行分析后认为，日本的整体科技人才战略规划对我国人才事业发展具有相当的启示作用。

（三）关于科技政策运行的研究

在科技政策的制定程序方面，郝立忠在《宏观科技管理学》一书中指出，科技政策制定的程序依次是：确定目标、收集信息、进行预测、设计方案、论证方案、决定方案、完善政策。[1] 徐辉提出要完善技术政策，建立国家关键技术，采取利益驱动机制，发挥政策导向作用，完善技术发展体制和提高研究开发的积极性，调整技术结构，促进技术创新。[2] 李侠对科技政策制定主体和模式变迁研究发现，我国科技政策经历了精英模型→渐进主义模型→公共选择模型，认为任何单一模型都不足以解决科技政策制定层面的所有问题，他提出了科技政策制定的新模型——系统模型。

（四）有关社会建构下科技政策的研究

目前，国内学者以社会建构视角研究科技政策的研究成果较少。胡杰容认为科技政策执行是政策制定者、政策执行者、政策目标客体等要素互动过程形成的结果，它实际就是一个不断实现和改进社会的过程，因为政策运行并不遵循静止或一成不变的法则，而是在动态多变的政策实践中运行的。邢怀斌从社会建构理论研究科技政策思想，认为科技政策具有持续性和反向性的特征，持续性要求科技政策应有效利用好各种政策工具，积极利用技术创新构建社会结构，促使科技政策按照预期目标轨道发展。反向性要求科技政策本身与其他客体都成为行动者，科技政策不是制约影响客体的规定，其本身也被看成是一种被建构的力量。

从中外学者研究成果看，对于女性科技人才与科技政策研究有四个特点：第一，有关女性科技人才的理论研究比较深入，研究视角明显和女权主义融为一体，但对女性人才发展的一般特性、自身特点的研究成果较少。第二，偏重于对女性科技人

---

[1]　郝立忠. 宏观科技管理学 [M]. 济南：山东人民出版社，1997.

[2]　徐辉. 关于我国科技政策制定工作的思考 [J]. 自然辩证法研究，1998(7).

才发展现状的描述性研究，比较注重理论的归纳。虽然有很多的实证研究，但是对有关集中在一些经济发展状况趋同的地区和领域，不同地域和部门的女性科技人才发展问题研究则很少。第三，有关科技人才研究较多，由于系统进行研究女性科技人才的时间较短，成果较少。第四，对科技政策的定量分析较少，注重科技政策的定性分析较多，结合科技政策对某一群体发展的实证分析不够。基于上述，本书以女性科技人才发展为研究视角，以湖北省科技、农业、卫生、教育等公共部门为分析对象，旨在考察当前女性科技人才发展的现状、问题，分析其背后的原因，构建能促进女性科技人才发展的科技政策，此种科技政策既要充分反映一般科技人才发展的情况，又要充分体现女性科技人才发展的行业差异、性别差异，此种科技政策既要遵循国家顶层制度设计原则，又能体现区域性的地方政府和部门的现实诉求。

第三节　研究目标、内容和拟解决的关键性问题

一、研究目标

本研究将在系统回顾政治学、管理学、社会学等文献的基础上，以政策系统理论为分析工具，以女性科技人才发展和科技政策为分析对象，通过理论分析和实证调查，探索科技政策与女性科技人才发展之间的逻辑关系，构建有利于女性科技人才发展的科技政策系统。具体研究目标如下：

第一，正确研判女性科技人才的发展水平，探索女性科技人才发展规律，分析制约女性科技人才发展的要素，发现科技人才政策内容的性别盲点，利用准确丰富的分析数据撰写调研报告。这可为政府、妇联及社会组织决策提供支持，以此推动湖北省女性科技人才成长和发展的环境，推进科技人才均衡、平等地发展。

第二，建构的科技政策制定系统应对女性科技人才成长激励有所裨益。本书通过分析我国科技政策发展历程，以及对湖北省科技、教育、农业、卫生等公共部门进行实地调查，在科技政策对女性科技人才发展的激励现状描述的基础上，分析科技政策在宏观、中观、微观等层面对于女性科技人才发展进行政策绩效评估，从正反方面评价科技政策的作用。最后结合政策系统理论分析模型，建构出凸显地域性和性别差异性的科技政策系统。

第三，本书将对已有公共政策理论、科技政策理论、科技人才政策理论和社会

性别理论等文献进行评析，尝试有一定创新性的理论构建。根据上述框架，本书会涉及如下核心问题：什么是公共政策、科技政策、科技人才政策？它们的原则和政策工具选择是什么？评估模型是什么？同时也要深入分析社会性别理论中的核心内涵：性别文化、女权主义、性别差异和性别平等，最后系统论述包括人力资源原理和政府治理等相关理论。上述研究过程就是理论思考和构建过程。

二、研究内容

本书研究内容拟按以下部分展开：

第一章为绪论，主要介绍研究缘起与意义、综述、研究样本、理论分析工具、相关概念界定、研究的主要内容和方法、创新之处。

第二章为理论概述。详细介绍政策系统分析理论，突出系统分析理论和社会性别理论，以此作为本书研究的主要分析工具。最后，阐述了公共政策、科技政策对于科技人才配置的理论与现实意义。

第三章以科技政策内容为分析对象，重点介绍不同时期的科技政策。最后，从政策系统理论角度分析我国科技政策对于科技人才发展的客观效应。

第四章重点分析了湖北省在"科技兴鄂""建设创新型湖北"中出台各类科技政策，以科技政策收益、科技政策失灵的视角，分析科技政策对科技人才发展的作用。

第五章在第三章、第四章的基础上，重点分析了我国科技政策和湖北省科技政策对于女性科技人才在宏观、中观、微观层面的客观效应。科技政策收益主要在宏观、中观层面，而政策失灵主要在微观层面。

第六章从结构性原因和功能性原因分析科技政策激励失灵，最终演变为整体科技政策失灵的原因。分析政策制定是失灵的根本原因，政策执行是失灵的隐性原因，政策环境则是失灵的显性原因。

第七章提出了形成有利于女性科技人才发展的科技政策建构对策，以制度建构为逻辑起点，实现科技政策价值取向从体现为发展主义走向人本主义；制度安排应以协商民主为基础的政府间合作机制的建构，政策安排突出关注性别差异性。

第八章为结论，主要阐述了研究的结论、研究的不足以及需要进一步研究的问题。

三、拟解决的关键问题

第一，科技政策搜集的取舍。目前相关研究成果大多集中在公共政策以及科技人才发展领域，深入研究科技政策与女性科技人才的相关性研究较少，从收集的科技政策看，普遍缺乏性别维度，从科技政策实施效果系统研究女性科技人才发展问题尚属尝试，这给本研究搜集与处理资料带来了难度。因此，需加大对相关理论研究的力度，并通过问卷调查法、访谈调查法等广泛收集一手资料。

第二，量表设计的难度。女性科技人才发展问题是非常繁杂的，它涉及了国家层面的法律、科技政策、地方层面的制度与政策，涉及了文化环境，乃至社会与家庭和女性与男性等多重要素。因此，在调查中须精心设计相关性量表，此种量表要能充分反映出女性科技人才发展涉及的社会网络。

第三，进行女性科技人才成长对比分析的难度。女性科技人才成长影响因素主要由非正式社会网络和正式社会网络契合机制共同生成。由于政治、经济、文化乃至区位优势各不一样，科技、教育、卫生、农业等公共部门差异性和性别差异性，使得女性科技人才成长道路的促成因素上出现差异性，以及影响程度上的差异性，这是本书分析中需解决的关键问题。

四、研究方法

（一）文献研究法

对原有的文献检索与分析是科学研究的前提，文献研究法回答了"做了什么"及"还需做什么"的问题。本书将通过文献研究厘清我国科技政策、政府治理等问题，为研究奠定理论基础。还将注重收集相关科技人才政策和统计数据，在对湖北省科技厅、教育厅、农业厅、卫生厅进行调查的基础上，本研究收集了大量相关统计资料，包括各类科技政策、科技人才政策、统计年鉴、统计报表、新闻报道，同时将利用图书馆检索系统找到统计年鉴、劳动统计年鉴，查阅全国和湖北省科技人才尤其是女性科技人才发展方面的数据。

（二）规范研究与实证研究法

所谓规范研究是以内省、先验的价值取向为规范演绎的假设，通过理论阐述、数理推导来证明的研究方式。实证研究强调对客观事物及其相互关系的观察、度量和描述，运用事例与经验从理论上推理并加以说明的方法。

在实证研究中：运用规模访谈的方法，确定适合公共部门女性科技人才发展的实际情况的量表。形成问卷初步的题项后，通过对问卷的信度、效度进行测量，修改问卷，确定正式问卷。数据分析方法方面，主要采用统计分析与计量经济学分析方法。本研究所采用的各种统计分析与计量经济学分析方法 / 工具如下所示：①描述统计分析使用 SPSS 15.0 作为分析工具。②探索性因子分析（EFA）使用 SPSS 15.0 作为分析工具。③验证性因子分析（CFA）使用 AMOS 7.0 作为分析工具。④结构方程模型（SEM）分析使用 AMOS 7.0 作为分析工具。

（三）新制度主义分析法

与传统制度分析的区别在于，新制度主义分析法注重导致具体政治现象出现的前提研究，具体包括研究制度结构、组织模式和文化范式等规则驱动下的政治主体行为。新制度主义认为制度一般有三个层面的内容：①宪法秩序。"宪法秩序就是第一类制度；它规定确立集体选择的条件的基本原则，这些是制度规则的规则。"它表现为由一系列的政治、经济、社会等事项组成法律规则，是对其他规则的制定有普遍约束力的规则。②制度安排。它是指在宪法秩序制约下的一组行为规则，经常以法律、制度、计划等名义出现，既包括宪法秩序中具有普遍约束力的指导规则，也包括操作规则。③规则性的行为准则。它能增强宪法秩序和制度安排的合法性，源于社会意识形态和伦理规则。"意识形态既被看作是一种规范制度，又被看作是一种完整的世界观，由它支配，解释信念并赋予合法性。"

本书将从制度变迁与制度创新视角进行理论研究，系统研究科技政策状况，基本研究范式为"科技政策变迁→科技政策差异→地方政府的制度选择"。在制度变迁和制度创新分析中还将采用埃莉诺·奥斯特罗姆的观点："可以把小规模、中等规模和大规模管辖单位之间复杂的关系模式理解为易犯错误的但富有谋略的公民和公共官员试图解决有关提供和生产各种各样集体物品问题的努力的结果。"本书在分析科技政策的制度变迁过程中，主张不同性别、行业的科技政策应有区分度，必须实现差异"多维权变"的科技政策制度供给。

（四）社会性别分析法

生理性别是自然而成的，社会性别则是人类进入特定发展阶段才出现的现象，它主要用来表示一定的社会制度和文化导致男女的社会角色和地位的差异性。最初提出社会性别并开展研究的是一些西方女性主义者，他们认为一定的社会文化会导致社会性别现象，由此出现了男女的行为方式和群体特征的差异。应该看到，传统观点认为文化会导致男女性别的特征差异和社会地位差异是有一定偏颇的，但用社会性别理论去挖掘由于历史文化和社会制度导致两性不平等的深层次因素，剔除人为的偏见，科学定位女性角色，以及对女性科技人才开发情况进行分析，是非常重要的。与此同时，社会性别分析法并不是为了简单强加女性的中心地位而不顾实际地全盘排斥男性，因为男性也是社会性别的重要一极，同样受到了社会性别的制约。所以，一方面，对女性科技人才研究要以社会性别为中心视角进行考究，考究标准是相对于男性科技人才的社会位置而言的；另一方面，优化女性科技人才开发，实现女性科技人才的全面、自由发展，需要男性的参与，更需客观认识到男性在女性科技人才成长过程中的作用。

五、调查的说明

本研究专门深入湖北省进行实地调研，访谈部门包括湖北省农业、教育、科技、卫生等公共部门，又对A科学院、B科学院、C科技大学、D研发公司等进行了四场深度访谈会，以此为依托收集了各类科技政策、科技人才政策和分部门的统计年鉴，重点搜集了各类公共部门在人才职称、人才年龄、科研项目、科技奖励等管理方面的典型材料。

（一）问卷发放对象

为了解科技人才政策和女性科技人才发展状况，本研究设计了A、B两套配对问卷。本书调查问卷采用了开放性和封闭性两种形式，在问题设置上采用了矩阵式选取的方法。

本次问卷调查中,湖北省农业厅发放了200份A问卷,教育厅发放了200份A问卷,卫生厅发放了200份B问卷,科技厅发放了200份B问卷。

本次问卷的调查对象主要是上述四类公共部门中的专业技术人员、普通工作人员、行政领导。在问卷发放中,明确告之调研的目的和相关注意事项,为了保证被调查者独立作答,由9名硕士研究生花费2个月时间现场监督作答。

(二)数据处理方法说明

本次调查共发放400份A问卷,400份B问卷,其中有效问卷755份,回收率为100%,有效率为94.38%。在问卷处理中,采用了SPSS15.0统计软件分析,问卷A的克朗巴哈系数为0.850,问卷B的克朗巴哈系数为0.844,调查问卷的克朗巴哈系数为0.823。"当评估项目数为定值时,如果相关系数的均值较高,则认为该项目的内在信度较低,此时克朗巴哈系数也较低,接近于0。因此,可以通过克朗巴哈系数的大小评价内在的信度的高低。经验上,如果克朗巴哈系数大于0.9,则认为量表的内在信度很高;如果克朗巴哈系数大于0.7小于0.8,量表设计存在问题,但是仍有一定参考价值;如果克朗巴哈系数小于0.7,则认为量表设计上存在很大问题应该重新设计。"[1] 从以上分析看出,本次调查问卷的克朗巴哈系数在0.8以上,说明调查具有较好的信度,问卷设计合理,测量结果可靠。

调查问卷A 400份,从性别构成看,男性被访者有167人,比例为41.8%,女性为233人,比例为58.2%;从年龄构成看,30岁以下为96人,比例为24%,31~40岁为115人,比例为28.75%,41~50岁103人,比例为25.75%,51~60岁为86人,比例为21.5%;从学历构成看,大专及以下为49人,比例为12.25%,本科生为193人,比例为48.25%,硕士为127人,比例为31.75%,博士31人,比例为7.75%;从职称构成看,初级及以下68人,比例为17%,中级176人,比例为44%,高级156人,比例为39%。

调查问卷B 400份,从性别构成看,男性被访者有129人,比例为32.25%,女性为271人,比例为67.75%;从年龄构成看,30岁以下为104人,比例为26%,31~40岁为139人,比例为34.75%,41~50岁为95人,比例为23.75%,51~60岁为62人,比例为15.5%;从学历构成看,大专及以下为73人,比例为18.25%,本科生

[1] 张虎,田茂峰.信度分析在调查问卷设计中的应用[J].统计与决策,2007(12).

为 231 人, 比例为 57.75%, 硕士为 89 人, 比例为 22.25%, 博士为 7 人, 比例为 1.75%; 从职称构成看, 初级及以下 91 人, 比例为 22.75%, 中级 204 人, 比例为 51%, 高级 105 人, 比例为 26.25%; 本研究对这 800 份调查问卷编码之后, 采用 SPSS15.0 统计软件分析, 为论证女性科技人才的相关问题提供可靠数据与佐证。

六、研究特色

本书在现有科技政策研究和人力资源管理与开发研究基础上, 继承、借鉴和吸收了有关理论成果, 结合湖北省公共部门中的女性科技人才发展规律开展研究, 力求在如下几个方面有所创新。

（一）选题视角有相对创新性

目前国内有关女性科技人才的研究较少, 类似的"女性人才资源""女性党政领导""女性科学家群体"等研究较多, 而对于"女性科技人才研究"多数从"个体""家庭"角度进行研究, 本书则针对女性科技人才发展进行研究, 进而细化至科技政策层面展开研究, 这就拓展了女性科技人才研究的领域, 为其他方面的人才资源开发的研究提供了借鉴。

（二）厘清正式制度和非正式制度在不同场域的效果

女性科技人才开发依赖于正式和非正式制度。正式的科技政策主要是中央和地方政府制定出科技人才开发政策, 从制度安排、资源供给上保障女性科技人才发展。在女性科技人才发展中, 正式制度是决定其发展方向的一个部分, 非正式制度的影响却普遍存在着, 正式制度和非正式制度成为了女性科技人才发展路径依赖的共有根源, 本研究力争厘清正式制度和非正式制度在不同场域的效果。

（三）构建科技政策绩效的评价模型

对于女性科技人才开发指标的研究, 本书将从科研投入和产出指标的两个方面进行评价。科研投入包括一般性的科研资源投入, 科研产出包括学术论文、科研项目等显性成果, 也包括科技决策、社会地位等隐性要素, 以此来全面反映女性科技人才开发水平。科技政策绩效的评价将从微观、中观、宏观层面进行，并且对科技政策在促进女性科技人才发展的微观、中观、宏观层面等不同效果予以比较。

（四）探求有利于女性科技人才成长与发展的政策机理

降低和消除信息不对称性，形成完善识别人才的成长机制，在科技人才政策制定中应根据性别划分层次和标准，全面对科技人才的发展进行评价，导出女性科技人才的开发机制建设。

第二章 理论分析框架的搭建

第一节 研究的基本假设

一、资源稀缺性假设

传统的经济学家和管理学家从物品存量和人类需求行为之间关系的研究发现：人类生活的世界承载固有的资源是稀缺的，无论人类节约和努力的程度如何，总体的有限资源将永远无法满足无限的需求。所以，资源稀缺性是经济学与管理学研究的逻辑起点。由于资源种类和数量存在差异，人类对物质资源的需求因时空等情景呈现出不同需求。总体看来，资源稀缺是常态，但对于具体某一类资源来说，稀缺性则是可变的。例如，改革开放初期，劳动力不会成为稀缺资源，当经济增长方式转变为集约型发展模式时，劳动力变得越来越珍贵，获取它必须付出高额成本，而高技能劳动力更是稀缺资源。相反，由于科技进步与产业结构调整，原来具有稀缺性的物品，可能不再具有稀缺性。例如，在现代社会中许多电子产品已经普遍进入了人们的日常消费领域，而在过去它被看成是高档甚至奢侈的消费品。当然，制度作为公共物品的约束形式，是人类活动与交易的规则和标尺，稀缺性使得制度也是一种稀缺性资源，因为它并不是被无限占有和无偿使用，所以同样是稀缺性的资源。

现代社会是经济信息社会，制度和人力资源是最稀缺和活跃的稀缺性资源。制度安排延伸出的公共政策，作为社会运行活动的规范，它调节和分配着各种资源，因此，公共政策质量的高低，将直接决定资源配置效率。人力资本作为最稀缺的资源，是人类社会进步的决定力量，社会经济全面发展取决于人的质量，而非自然资源、资本存量。资源稀缺性成为经济学和管理学研究的基本假设。

由此得知，自然资源、制度资源和人力资源都具有稀缺特征。由于科技人才的稀缺性，公共部门为了自身发展，在公共事务治理中，又存在着对于稀缺性科技人才的争夺。所以，科技政策将对稀缺性的资源进行合理配置，协调不同主体的利益结构，也正是如此，稀缺性假设是本书深入分析科技政策的基本假设之一。

二、信息非对称性假设

政策信息是指公共部门凭借公共权力，影响资源配置和利益分配的各种消息集合，信息非对称性会影响科技政策的制定和执行效果。信息非对称性假设取决于以下要素：

第一，制度的制约。公共政策都是在具有等级链条的正式制度内和科层制结构系统中进行的制度安排。从纵向的科技政策制定看，主要由中央政府的战略性制度和地方政府相关的政策安排构成。科层制有层级节制的权力体系和依照程序办事运作机制，使得不同层级政府、部门和人员拥有相关的科技政策信息量的差异性，表现出明显的信息非对称性。一般看来，信息量与权力等级、经济和文化发展水平有着直接关系。

第二，执行主体的制约。任何一项政策最终都要靠执行者来实施，执行者对政策的认同、对政策执行的投入、创新精神、对工作的责任心、较高的管理水平将直接决定政策执行的效果。[1] 我国区域辽阔，公共部门种类繁多，加之地方政府官员的利益驱使，执行主体对许多公共政策的理解有差异，会出现不同执行方式与结果，这和他们所拥有政策信息量的非对称性有着密切关联。

第三，利益分配的制约。政策的核心功能是通过社会利益权威性的分配来实现管理者的政治主张。任何政策最终都表现为对社会关系下利益的处理机制，包括利益选择、利益整合、利益调节和利益形成等环节。因而，在一定条件下，政策信息量的非对称性会使得不同部门出现不同程度的收益和损失，地方政府作为政策执行主体，政绩考核尺度的短期性会导致其对政策的理解和执行带有短视的利益选择偏好。

三、理性经济人假设

近代以来，对人性的思考成为西方学者研究的出发点，它也是整个经济理论体系中的基石。亚当·斯密在《国民财富的性质和原因的研究》一文中提出了"经济人"

---

[1] 陈振明. 公共政策分析 [M]. 北京：中国人民大学出版社，2007：5.

的命题：个体行为从自我利益动机出发，利益实现程度又取决于他人帮助，利益导致相互帮助只能在互利互惠的基础进行，因而就产生了不同分工与交换。约翰·穆勒根据个人经济利益最大化公理提出了经济人假设理论，"经济行为者具有完全的充分有序的偏好（在其可行的行为结果的范围内）、完备的信息和无隙可击的计算能力。在经过深思熟虑之后，他会选择那些能够比其他行为能更好地满足自己的偏好（或至少不会比现在更坏）的行为"[1]。

20 世纪 60 年代，美国著名的诺贝尔经济学奖获奖者西蒙在传统"经济人"假设基础上，提出了"有限理性经济人"假设。他指出：知识的不完备、预测困难度和行为范围的限制，导致了在决策现实中"绝对理性"是难以实现的。所谓的"理性"只能是介于"理性"和"非理性"之间的东西，人的决策只能在能力和相对范围内进行，人类决策实质上是有限理性模式。

20 世纪 70 年代，美国著名制度经济学家诺思在《制度、制度变迁与经济绩效》一书中指出："人类行为比经济学家模型中的个人效用函数所包含的内容更为复杂。有许多情况不仅是一种财富最大化行为，而是利他的自我施加的约束，它们会根本改变人们实际做出选择的结果。"[2] 诺思认为，人的决策不只是"成本—收益"上经济计算的行为，更多地受到由道德和伦理组成的信仰体系和意识形态的强有力约束，理性经济人只能在特定的正式制度与非制度环境约束中才能实现自我效用的最大化。据此，女性科技人才的选择行为，是通过公共部门的特定正式制度、社会层面非正式制度和自我选择等机制共同作用的结果。理性经济人假设为科技政策制定层面、部门执行层面和个体决策行为等问题提供了分析依据，是本研究的基本前提之一。

---

[1] 伊特韦尔，等. 新帕尔格雷夫经济学大辞典（第二卷）[M]. 陈彪如，译. 北京：经济科学出版社，1992：57.

[2] 诺思. 制度、制度变迁与经济绩效 [M]. 杭行，译. 北京：格致出版社，2008：27.

第二节 克朗的政策系统分析理论

一、政策制定模型

（一）理性决策模型

这是根植于 19 世纪末 20 世纪初西方文明潮流下的一种政策决策模型，这种模式是基于人的行为理性或以实用主义观点来解释为合乎理性的决策。其基本决策程序为：识别问题→收集数据→设计尽可能实际的解决方案→选择最好方案→行动→忽视超理性的因素……如此循环，就构成了典型的理性模型程序。

（二）经济合理决策模型

这是一种有效规避超理性因素所带来的消极后果，尽可能用经济、合理的理性因素的决策模式。它主要采取定量分析方法、系统分析方法（运筹学、损益分析）去计算决策的经济性与合理度。经济合理模型成了现代政治理论、经济与商业理论、防务理论分析的基础，诞生了诸如 PPBS、ZBB 等著名的经典决策模式。

（三）逐步改变决策模型

这是一种基于怀疑人类改造未来能力的保守型政策制定模式。它要求在政策决策中，政策目标应在可行控制力下进行政策设计，政策制定与执行可以通过缓慢、小心的改变去实现政策目标，最后达到满意程度，所谓决策最优化纯粹只是理想而已。

（四）顺序决策模型

这是一种在决策情形十分不确定且无所适从条件下进行调适的决策模式。主要是当出现由于决策者知识、阅历等导致意见不一致的时候，在方案选择第一阶段中，可以同时采取处理方案，在政策执行中，当取得一致意见后，整合的方案相应地过渡到第二阶段，最后选择最优方案。

（五）剧烈改变决策模型

它是一种重新设计、终止、替换现有方案的决策模式。一般情况下，较少采取这样的政策制定模式。

（六）无为决策模型

它是一种不做决策或者有意识不做什么的决策模式，但实质上不决策行为仍然是带有一定价值倾向性的决策。

二、价值分析

价值影响着人的生活方式与投身事业的热情度，规定着政治进程和管理过程，并且是资源分配指导原则的核心，价值是棱镜和滤色镜，可以观察世界。[1] 从政策的价值分析内容看，主要包括对政策的政治意识形态分析、社会敏感度分析、资源分配分析，以及对政策涉及的目标个人和团体的价值观识别。同时政策价值分析还有特殊层面的意义，有政策系统中相对价值和可行性价值限制，因此政策价值分析需要在假定的价值内容中进一步加强与改变，尤其对于交叉文化影响下的政策价值分析来说，特殊性的理解、解释与预见因素对于政策的分析往往比理性分析更加可靠。"例如，当打算把国家分为发展中国家、中等发达国家和发达国家时，如果指出发达国家具有这样的特点，它们在历史上曾经具有而且今后很有可能仍将具有一整套稳定的社会和政治的价值观和制度，从而保证取得社会经济的进步，就会在相应的经济上的定义之外，使人们对这个问题获得更为深入的理解。"[2]

三、对超理性因素的考虑

理性的系统分析可以为政策制定提供工具支撑，但绝不会给以智慧影响，而超理性可以看作为理性分析的有机组成部分，要比单纯理性分析的效果好得多。在未来决策系统中，需要把理性分析中的科学性与超理性分析中的艺术性相结合才能应

---

[1] 克朗. 系统分析和政策科学 [M]. 陈东威，译. 北京：商务印书馆，1985：3.

[2] 克朗. 系统分析和政策科学 [M]. 陈东威，译. 北京：商务印书馆，1985：35.

对复杂问题决策。原因在于：其一，大量决策事实表明，从世界上许多地方的政策制定情况看，有经验的领导者能制定出高质量的公共政策，才能行之有效地指导客观实践。其二，基于人类政策系统的事实看，单凭纯粹的理性分析制定出来的政策，要么缺乏质量，要么缺乏指导价值。超理性的要素主要由直觉、判断力、领袖魅力、洞察力、政治、隐含的知识、信仰等构成，这些内在超理性的要素，常常影响决策者的行为和决策效果。

四、政治上的可行性

政治上的可行性包括政府治理理念、政治领导者态度和执行方式。在一个权力集中、组织僵化、办事刻板的科层体制中，政策制定趋向于保守，政策创新的空间狭小。因此，在政策系统分析中，对政治上的可行性分析最具有挑战性和难度。这就要求系统分析人员对政治上的可行性进行抉择，最好的方法是既要充分征求专家的意见，又要符合政策制定者的价值偏好，在考虑政策系统的全部内容和外部环境的基础上，保证政策所有目标的实现。

五、不同文化间的因素

交叉文化因素是一些主观的、非定量上的超理性考虑，对于政策系统分析具有相对敏感性。如果忽视这些要素，就会歪曲政策事实，把错误观念当成分析政策的基础。一种管理理论，常常与另一种文化和价值观不相容。有些因素在交叉文化分析中始终应该被考虑，起着重大作用。在政策系统分析中，交叉文化因素如表 2-1 所示。

表 2-1　系统分析中的交叉文化因素

涉及的世界观问题：社会发展方向；进步；增长；时间感；决策问题；效率；改革；计划；平均主义；唯物主义
环境因素：民族意愿和自尊；政治上的稳定与局限性；国际经济联系；教育和识字水平；历史、社会和宗教价值观；语言；社会变化的快慢
组织因素：权威和领导能力（社会地位和功绩）；集中和民意；是家长式的还是个体性的；管理才能；所有权（是家庭的、合伙的，还是政府的、股东的）；雇员士气；职业满意程度；工作态度；年龄；性别；忠诚；薪水；福利；职业安全感；流动性；创造性；对面子的需要；对责任是否承担；有组织的学习；数据的使用；是否冒风险
系统分析人员对其他文化的敏感性和神入（empathy）

六、未来研究

未来研究主要是解决研究中的指导原则和方法问题，具体表现为：

指导原则——未来研究应该创造或确认一系列想象出来的不同环境、未来状态，以及相应的政策要求；明确规定各种假设和价值标准，实现对未来的规划；通过敏感度去分析当前的政策制定和不同的前景联系起来；广泛地考虑政治上、技术上以及经济上的可行性；根据过去和当前的趋势，确定重要的政策问题和在将来有可能会产生的危机，充分利用研究成果，对政策的制定提出改进建议；使用能让政策制定者感到简明扼要、易于理解的文字和口头表达的方式。

未来研究的方法——趋势外推；应用分析模型，隐喻比较，以及场景和历史模拟；技术预测；政治预测；系统动力学方法；相互影响分析（如人口增长和发展的内部关系）；德尔菲法；输出阵列；加强创造性的方法。

第三节　系统分析的内容

一、整体性分析

整体性分析是指在系统分析中注重对统一的整体和存在的系统展开分析，还要对具有独立机能和相互关系的子系统进行分析。整体性分析应注意几个问题：第一，重视系统中的子系统、单元系统的应然作用，任何夸大、缩小、歪曲其作用都会出现整体系统的负效果。第二，系统中的组成部分必须按照其整体功效来排序，偏离、分散整体系统效用的子系统会出现内耗，最终会导致随着系统整体功能输出能量的减少与丧失。第三，为了使子系统均衡发展，提升系统的整体功效，需要不断调适子系统中的不合理和相互矛盾的部分。第四，牢固树立系统的整体功能大于部分功能之和的观念。

整体性分析的核心就是要根据确定组织发展的总体目标，优先保障整体利益前提下，理顺好整体与局部、近期与长期发展的辩证关系。例如，在追求经济社会发展尤其是经济增长的政策目标时，不能只是一味追求经济的高增长率而忽视对环境和资源的保护，为了近期的、地方局部的利益而不惜牺牲长远的、国家整体的利益。[1]

---

[1] 陈振明. 公共政策分析 [M]. 北京：中国人民大学出版社，2007：425.

二、结构性分析

（一）层次性分析

层次分析是美国著名运筹学家萨蒂教授于 20 世纪 70 年代提出的一种系统分析方法。[1] 它是一种用来分析具有多元管理目标、多样运行机制等复杂公共管理问题的工具。层次分为表层结构层次和深层结果层次、横向结构层次和纵向结构层次、微观结构层次和宏观结构层次，这些结构层次适用于分析公共政策问题。层次性分析程序为：构建递阶的层次结构模型→构造权值的判断矩阵→单层次秩序→总层次秩序→一致性回归分析。

（二）相关性分析

相关性分析是指在政策分析过程中，注意政策问题的各个方面中的单项目标、子方案、子系统与总方案、总目标之间关系，分析它们之间相互依存、相互制约的关系。相关性分析要求：第一，系统要素之间相关性分析。某一要素或单元变化，其他要素也变化，才能保持结构的最优化。第二，单元要素和系统整体关系分析。单元要素与整体系统是互为变化关系，单元要素变化，整体系统也变化，反之亦然。第三，系统与环境关系分析。系统要素变化导致环境变化，环境变化要求系统随之改变。在进行复杂性公共政策分析时，着重注意相关性分析，例如，"在设计改革与发展战略时，用相关性分析，就是要密切注意各个领域、各个方面的改革与发展措施的相关配套措施，同步进行。"[2]

（三）协同性分析

协同性主要是指由于发展导致系统内部各个部分变化的同步性。在现实公共政策系统中，外部和内部变化会导致各单元要素出现矛盾，解决好矛盾关键在于处理好对立元素，防止整体系统出现分解的危机。因此，在公共政策系统分析中，需要

---

[1] 谭跃进. 定量分析方法 [M]. 北京：中国人民大学出版社，2002：139.
[2] 陈振明. 公共政策分析 [M]. 北京：中国人民大学出版社，2007：427.

稳定好单元要素，以保持它们之间的协作与一致性，实现整体的稳定与发展。

三、逻辑性分析

逻辑性分析是指对政策系统的实质内容按照一定逻辑结构分解，以揭示出内在结构规律的分析方法。

逻辑分析需要遵循相对固定的程序：目标（分析）→（尽可能详尽）备选方案→（统计与计算）模型分析→（效率、效益）评估→抉择最优方案。

四、环境分析

政策系统是一个开放系统，它和社会、自然等构成了更大的环境系统。环境对政策系统的影响体现在：一方面，环境给政策系统注入资源、权威、信息等要素，影响、制约和决定着政策系统的功能。另一方面，政策系统向环境输出有影响的产品。政策可以从正反两个方面影响环境。在政策方案设计中，需要确定环境要素影响的范围。环境性分析包括物理技术环境分析、社会经济环境分析、文化心理环境分析等。

第四节　社会性别理论

一、社会性别的内涵

对于社会性别的内涵与外延，学术界向来众说纷纭，难以达成一致认识。从西方研究成果看，国际劳工组织性别平等局在《世界性别平等》报告中提出，社会性别是"社会男女的社会差异及社会关系，系后天产生，因时而变，在不同文化间与同一文化间表现不同。这些差异和关系具有社会属性，产生于社会化过程中，有其特定的背景，是可变的"[1]，这把社会性别解释为由社会结构性原因形成的男女个体层面差异导致的社会认同差异。琼·W. 斯科特认为，社会性别是"基于可见的性别差异之上的社会关系的构成要素，是表示权力关系的一种基本方式"[2]。从国内对

---

[1]　中国妇女研究会. 社会性别平等的伙伴关系 [J]. 妇女研究参考资料，2002(16).

[2]　斯科特. 性别：历史分析中的一个有效范畴 [M]. 上海：上海三联书店，1997：168.

于社会性别研究的成果看，全国妇联妇女研究所研究员讯乃华认为，社会性别包括了生理性别差异和社会性别差异，前者是生理范畴，主要是由于基因、荷尔蒙分泌不同造成的生理差别，具有自然性。后者属于社会范畴，主要是特定文化环境形塑具有男女性别身份的特征和举止行为。荣维毅把社会性别看成是在社会文化中形成的属于女性或男性的气质和性别角色以及与此相关的男女在经济、社会文化中的作用和机会等可以改变或互换的一切特征。[1] 王政认为，社会性别是在社会文化中形成的男女有异的期望特征，以及行为方式的综合表现。沈奕斐认为，社会性别是用特定的、先于个人而存在的社会关系来重新表示一个人。[2]

上述对于社会性别内涵的理解注重两个方面：第一，从显性内涵看，社会性别是特定社会文化影响下的两性之间的差异。人类的文化都有着关于"男性"和"女性"特征差异性的认识。"妇女扮演的性别角色，并非如以前的社会学家和心理学家所说，是由女性的生理所决定的，而是由社会文化规范的；人的性别意识不是与生俱来的，而是在对家庭环境和父母与子女关系的反映中形成的；生理命运不是妇女的主宰，男女性别角色是可以在社会文化的变化中改变的。"[3] 从社会文化理念看，女性被认为是性格胆小与心细、温顺与柔弱、情绪突出，活动空间被定为家庭等私人领域，职责主要为生育与家务劳动。男性则被认为胆大与粗心、刚烈与强健、理性程度较高。这些反映了人们在特定物质与精神生活下对于男、女性别的差异认识。应该看到男性与女性差异是相对的，在母系氏族社会中，男女蕴含的特征与现代社会是相反的。即使在现代社会中，越来越多的女性走入公共领域从事生产与工作，尤其从政治与经济领域中涌现出了越来越多的"女强人"。第二，从隐性内涵看，它是一种社会权力安排下的性别差异。从某种意义来看，社会性别所表现的文化层面意义是社会权力体系下的结果，"这一关系体系和权力机制不仅引导着人们认识、理解与评判男女两性，而且影响一定时期社会生活的方方面面，包括生产方式、法律制度、教育制度、婚姻制度、社会文化结构与内涵、民众生活方式与心理等"[4]。中国传统社会中的"男主外女主内""男尊女卑""男强女弱"等观念是社会性别下的表述，

---

[1] 荣维毅. 中国女性主义研究浅议 [J]. 北京社会科学，1999(3).

[2] 沈奕斐. 被建构的女性：当代社会性别理论 [M]. 上海：上海人民出版社，2005：28.

[3] 杜芳琴. 妇女与社会性别研究在中国（1987—2003）[M]. 天津：天津人民出版社，2003：89、90.

[4] 周小李. 社会性别视角下的教育传统及超越 [D]. 武汉：华中师范大学，2008.

西方社会卢宾的"社会性别制度"、劳瑞提斯的"社会性别机制"等思想,实则表达了镶嵌在社会关系中一套相对独立、相对稳定的关系体系——社会权力塑造的"男性"与"女性"思想。基辛认为关于生理、两性政治与性角色的不对称三者之间的交互影响,人类学家若要加以充分的解释,那必须是相当复杂与微妙的,必然是一种互动主义的观点。注重关联的网络而不是纯粹的因果关系。[1] 笔者认为,需要从如下三方面认识社会性别丰富的内涵与外延。

第一,社会性别最直接体现的是"生理性别"构成的自然差异。"生理差别"是男女两性在身体构造和生理特点等方面反映出的不同。某种性格特质被认为是男性具有的,某种性格特质是女性的,具有天然性。在此,不是宣扬生理决定论或生物决定论,因为在人类历史长河中,男性气质和女性气质差异确实存在。在西方,长期崇尚"贤妻良母";在中国传统社会中,"男尊女卑""男优女劣"等观念长时期存在。当然,"生理性别"并不能完全解释社会领域中男女差异性问题,如,为什么有些社会事务是男性承担工作,在其他社会状态中则由女性承担?

第二,社会性别体现出来的隐性内涵是"复杂社会关系"的组合。首先,它是一种权力机制。琼·斯科特认为,"(社会)性别是组成以性别差异为基础的社会关系的成分;(社会)性别是区分权力关系的基本方式。(社会)性别是代表权力关系的主要方式。(社会)性别是权力形成的源头和主要途径。"[2] 这里暗含了在权力关系场域中,男性的支配地位和女性的从属地位,导致男性发展有优先权,女性处于被统治、被支配地位。中国传统文化中"男主外女主内""男尊女卑""男强女弱"等观念,就是社会权力结构中形塑着稳定的权力机制所致。这种权力机制决定着个体层面的劳动分工、婚姻选择、生活方式,影响着社会层面的法律制度与行为规范,引导着人们的心理认识、社会文化结构。其次,社会性别是一种文化观念。它是共同社会制度影响而形成的社会文化观念,影响男女角色分工、社会期望下的男女行为规范。

第三,社会性别体现了男女不平等的社会关系。斯科特认为性别关系明显有着压制、主宰女性的意味,社会性别实质是一种偏激的男女不平等。随着经济社会发展与文明进步,显性的男女性别不平等理念得到了一定摒弃,但是隐性不平等现象

[1] 基辛. 人类学绪论 [M]. 张恭启,于嘉云,译. 台北:巨流图书公司,1989:42.

[2] 李银河. 妇女:最漫长的革命 [M]// 当代西方女权主义理论精选. 北京:生活·读书·新知三联书店,1997:168、170.

却不时存在，许多形式上平等的公共政策实际缺乏性别敏感度，导致更多的性别不公。如表 2-2 所示。

表 2-2　社会性别制度文化表现

制度	文化	表现
财产占有	生产生活资料的男性私有制	妇女丧失资料所有权；劳动所得往往为丈夫或父亲所占有；生产技术不传女儿
国家管理	男性为中心	妇女地位完全由丈夫的地位决定；家族制度是压迫妇女的桎梏；政治联姻使女性成为牺牲品
社会法律	男女有别	法律规定女子没有权利只有义务；妇女没有法律上的独立人格；嫡长子继承家长制

综合以上认为：社会性别是在男女的生理差异基础上，以文化观念和权力机制建构下的男女群体特征和行为方式差异，反映出了一定的男女不平等的社会关系。

二、社会性别的特征

社会性别是一种分析视角与方法，是思考与认识问题的方法，是本书重要的理论分析工具。利用社会性别理论可以分析湖北省女性科技人才在公共部门的分布状况，分析男女性科技人才发展差异的原因，进而构建具有性别敏感度的公共政策。

第一，从社会性别与女性主义视角看，社会性别视角是一种女性主义视角，意即社会性别视角是女性主义视角中的一种。[1] 女性主义视角具有以下特点：首先，关怀女性的利益需求。分析女性所处的不利外部发展环境，指出性别歧视和性别差异的原因，并提出实现性别和谐和性别平等的建议。其次，肯定女性的体验和情感、知识与价值观。女性主义视角仍可简约地看作是"一种将女性及性别问题置于学术研究的中心，关注女性的知识、经验、处境，强调由女性以平等参与的身份对女性自身的经验进行解释，以改善女性生活环境和状况为目的的研究"[2]。从上述社会性别内涵来看，为女性发声、为女性立言是女性主义思想的核心内容。

第二，从社会性别与女性视角看，二者不是简单等同关系。社会性别更多地从

---

[1]　周小李. 社会性别视角下的教育传统及超越 [D]. 武汉：华中师范大学，2008.

[2]　郑新蓉. 性别与教育 [M]. 北京：教育科学出版社，2005：232.

社会分工、社会制度等角度分析男女性别差异，女性视角较多是以自然角度去分析女性行为，二者具有较大差别。首先，着眼点不一样。社会性别视角以关注女性为主，同时进行性别对比，关注男女性别差异，较多从社会宏观因素去分析问题。女性视角较多以女性的经验、思维方式为立足点来分析问题。其次，研究对象不一样。社会性别研究对象既包括女性与男性、又包括与其生活息息相关的社会环境，注重对法律、政策、权力和文化的分析，进而实现性别和谐与平等，构建消灭性别差异和歧视的社会制度。女性视角主要定位为女性，多为个体。最后，二者所持有立场不一样。女性视角一般与妇女运动密切相关，不少研究者都有女性主义倾向，而社会性别视角则采取比较中立的立场，也给男性学者的参与留下了更大的空间。[1]

第三，从社会性别视角与传统男女平等视角看，二者不是简单等同关系。传统的男女平等作为妇女解放的一面旗帜具有深远的历史意义和现实价值，但传统的男女平等视角实质上是一种以男性作为标杆的女性男性化的分析问题的方式。[2] 相比传统的男女平等分析视角，社会性别视角具有关注传统男女平等之外蕴含女性主体意识和利益诉求的特征。首先，它摆脱了简单地以男性标准作为探求男女平等的依据，寻求关注女性特有的体验、知识、价值和立场，强调倾听女性弱势群体的声音。其次，以动态与理智思维承认和解释两性差异。"它不假定这些差异是先于社会的或生理的已知物，不假定这些差异是妇女处于普遍明显的不平等和从属地位的确凿原因，相反，它坚持探索，不平等和从属的历史是怎样在妇女的认知和感情能力上，甚至在其身体体能上留下痕迹的。"[3]

三、马克思主义中的妇女理论

马克思主义中的妇女理论主要集中在《共产党宣言》、《家庭、私有制和国家的起源》、《德意志意识形态》、《英国工人阶级状况》、《法兰西内战》等经典著作中。马克思和恩格斯从人类起源上探讨了妇女问题，提出了在实现无产阶级解放和共产主义社会的发展目标的同时，也要实现妇女解放。马克思主义妇女理论有如下观点。

[1] 张妙清. 性别学与妇女研究 [M]. 香港：香港中文大学出版社：1995：65.

[2] 闵广芬. 男女平等理论与中国女子高等教育 [J]. 中华女子学院学报，2002(3).

[3] 王政，杜芳琴，社会性别研究选译 [M]. 上海：上海三联书店，1998：202.

第一，指出了妇女受压迫的根源。首先，私有制的出现。马克思主义妇女理论认为私有制日益发展，母权社会被父权社会代替，妇女被压迫的事实就牢固形成，极大阻碍了两性平等。"母权制的被推翻，乃是女性的具有世界历史意义的失败。丈夫在家中也掌握了权柄，而妻子则被贬低、被奴役，变成丈夫淫欲的奴隶，变成单纯的生孩子的工具了。"[1] 其次，一夫一妻制家庭结构的确立。恩格斯认为，个体婚制即一夫一妻制仅仅是相对妇女而非对男子，因为为了保证男权的统治地位和财产继承需要，妇女往往成为男人的附属物和私有财产，她们在日常生活、婚姻生活和政治领域中完全处于被压迫和不自由地位。最后，家务劳动性质的转变。"家务的料理失去了它的公共的性质。它与社会不再相干了。它变成了一种私人的服务；妻子成为主要的家庭女仆，被排斥在社会生产之外。"[2]

第二，指出了妇女解放的途径。首先，消灭私有制是妇女解放的根本途径。恩格斯指出：实现生产资料的社会公有制，将更大程度改变男子的地位，同时一切妇女的地位也将发生根本的变化。其次，实现家务劳动的社会化。"只有依靠现代大工业才能办到，现代大工业不仅容许大量的妇女劳动，而且是真正要求这样的劳动，并且它还力求把私人的家务劳动融化在公共事业中。"[3] 再次，一切女性重新回到公共事业中去，将是妇女解放的先决条件。最后，高度重视妇女的历史地位与作用。马克思理论认为要高度重视妇女在历史创造和社会变革中的重大历史作用，无产阶级要广泛吸收广大妇女开展革命运动。

马克思主义妇女理论对妇女工作具有科学指导意义，体现了绝对真理与相对真理、实践性和科学性有机统一，是与时俱进的理论，对引导中国妇女实践活动仍具有重要意义。例如"妇女要解放就必须要参加社会劳动""家务劳动必须社会化""社会存在决定社会意识"等思想仍对保障妇女的权益和提高妇女的地位，实现两性平等与和谐发展具有指导意义。

---

[1] 马克思恩格斯选集（第4卷）[M]. 北京：人民出版社，1995：54.

[2] 马克思恩格斯选集（第4卷）[M]. 北京：人民出版社，1995：72.

[3] 马克思恩格斯选集（第4卷）[M]. 北京：人民出版社，1995：62.

四、社会性别主流化

社会性别主流化是指在政策、法规和项目中将社会性别纳入其中，使男女平等全方位体现在社会生活的各个层面，男女平均收益，扭转男性控制话语权的格局，最终实现社会性别差异和性别公正。[1] 社会性别主流化是全世界妇女长期进行权利斗争和国际组织努力共同作用的结果，且在实践层面上形成了有利于社会性别主流化的政策。《内罗毕战略》（1985）、《北京宣言》（1995）、《行动纲领》（1995）等公共政策倡导将社会性别纳入决策主流，正式对社会性别主流化进行系统界定的是1997年举办的联合国经济及社会理事会，与会专家明确提出了社会性别主流化"作为一种策略方法，它使男女双方的关注和经验成为设计、实施、监督和评判政治、经济和社会领域所有政策方案的有机组成部分，从而使男女双方受益均等，不再有不平等发生。纳入主流的最终目标是实现男女平等"[2]。2005年，联合国世界首脑会议上将社会性别主流化作为实现性别平等的最重要手段和标志，作为衡量社会民主化和文明化程度的重要指标。

从国外和国内有关社会性别主流化的研究成果看，本书认为，社会性别主流化主要特征为：第一，社会性别主流化蕴含着性别平等思想。这要求公共部门在制定法律、政策和进行制度安排上，充分考虑性别维度，把性别意识纳入制度设计轨道。第二，实现社会性别主流化的责任主体是以政府为核心的公共部门。政府作为唯一合法和权威性的公共事务管理主体，理应承担起宣传和实现社会性别主流化的责任。第三，实现社会性别主流化作为实现性别平等的重要手段。这需要从具体制度安排上加以规定，建立有效监督、协调和控制机制，最大限度实现社会性别主流化。

第五节　公共政策干预科技人才资源配置的理论依据

一、公共政策内涵的界定

政策是公共部门进行管理的最基本手段与工具，是阶级意志的体现，它对于社会经济发展和各种利益关系调节具有独特效应。学者们对于公共政策内涵的界定歧

---

[1]　莫文秀. 妇女教育与和谐社会 [M]. 北京：中国妇女出版社，2005：119、120.

[2]　http://www.cn.org/Chinese/esa/women/mainstreaming.htm.

义较多。从国外研究成果看，多数学者从政治学或行政学角度进行界定，伍德罗·威尔逊认为，公共政策是应由具有立法权的政治家制定，再由公共管理部门执行的法规与法律。戴维·伊斯顿依据政治学中利益分配原理认为公共政策是对全社会的价值做权威性的分配。[1]詹姆斯·安德森认为，公共政策是政府机关制定的政策。卡尔·弗里德里希利用政治系统理论分析认为公共政策是"在某一特定的环境下，个人、团体或政府有计划的活动过程，提出政策的用意就是利用时机、克服障碍，以实现某个既定的目标，或达到某一既定的目的"[2]。

西方学者对于公共政策的理解包括几层内涵：公共政策是由公共部门制定出来的计划或规划，有较强的目标指向；公共政策的功能主要是对社会资源进行权威性的价值分配；公共政策是由一系列活动组成的公共管理过程。

国内学者也对公共政策内涵进行了卓有成效的研究。我国台湾地区学者林水波、张世贤认为，公共政策是政府选择作为或不作为的行为准则。张金马认为，公共政策是党与政府用以引导机构和个人的准则和指南，表现形式为法律、规章、行动计划、策略、行政命令、指示与声明。林德金认为，政策是公共管理部门为了完成一定的发展目标而形成的项目、条例、规划、方案和法令的总和。孙光指出政策是国家或者政党为了特定的总目标而设置的各类行动准则，它是一种对利益进行价值性分配的复杂政治措施和过程。国内学者的研究较为关注公共部门在政策中的主体地位，但较易忽视对其他社会团体、公共政策过程和公共政策环境的研究。

本书采用陈振明教授对于公共政策内涵的界定："公共政策是国家机关、政党及其他政治团体在特定时期为实现或服务于一定社会政治、经济、文化目标所采取的政治行为或规定的行为准则，它是一系列谋略、法令、措施、办法、方法、条例等的总称。"[3]公共政策的主体包括传统权威机构中的立法、司法、行政和政党，也包括合法的社会团体和某些政治集团；公共政策目标具有较强的公共利益指向性；公共政策是一系列活动组成的行为规范，表现形式主要为谋略、法令、措施、方法、条例等。

---

[1]　伍启元. 公共政策 [M]. 台北：商务印书馆，1985：4.

[2]　Carl J.Friedrich. Man and His Government[M]. New York:McGraw-Hill,1963:79.

[3]　陈振明. 公共政策分析 [M]. 北京：中国人民大学出版社，2007：43.

二、公共政策的功能

公共政策功能是公共政策通过执行所发挥的实际效果和作用，突出表现为公共政策付诸实施后对公共问题产生治理的效能。尽管不同的治理问题、不同的治理过程、不同的治理目标导致公共政策的功能不尽一致，但公共政策还是有着基本功能。

（一）目标导向

政策的导向功能是指政策引导人们的行为或事物的发展朝着政策制定者所期望的方向发展。[1] 目标导向是当代公共政策的重要职能，它会引导人们什么行为是应该的、什么是不应该的，还引导人们行为的方式趋向理性，实现复杂的政策目标，提高公共管理的科学和效率。20世纪90年代以来，我国在"科教兴国"政策指引下，越来越多的国民关注科技，参与科技事业，从而提高了国民素质，又增强了科技实力与综合国力。另一方面，公共政策的科学性越高，导向功能越明显，就有越来越多的知识精英有效融入现代政府决策体系中。

目标导向还包含了价值引导。国家价值体系集中体现在国家意识形态之中，意识形态是国家统治精英所宣传的、合法化的价值体系。[2] 价值引导社会发展，对公共政策起规范、引导和判断的作用，公共政策或明或暗受到带有意识形态的价值导向的影响。如"让一部分人、一部分地区先富起来，先富带动后富，最终实现共同富裕"的政策，就是社会主义意识形态的体现。

（二）控制功能

政策控制是指政策管理者（即施控主体）作用于政策执行者的活动及其结果（即被控客体），使之改变或保持某种运动方向、目标和状态，以达到预期控制目的的过程。[3] 公共政策制定都是为了解决一定社会问题和公共问题的应对行为准则。从内容看，公共政策的内容相当明确，做与不做、提倡与反对的规定都明确规定，为相关行动者提供了基本的行为框架，将行动者控制在一定时空范围内。从领域看，

[1] 陈振明. 公共政策分析 [M]. 北京：中国人民大学出版社，2007：46.

[2] 俞吾金. 意识形态论 [M]. 上海：上海人民出版社，1993：69.

[3] 张立荣. 政策控制探析 [J]. 理论探析，1994(1).

公共政策直接涉及了社会各个领域，又包括隐性的间接影响，整体社会层面的政治、经济、文化、生活等受公共政策制约。从控制手段看，政策控制功能表现为直接控制和间接控制，这两种控制具有适时控制社会方向的制约力，使公共政策尽可能保持对社会的积极引导。

（三）利益调节

公共政策的利益调节功能主要是指为了保证系统的整体有序、协调运行，公共政策有效平衡与协调各种利益关系。在公共治理实践中，各种政治权力、经济关系、社会关系等非均衡发展会形成多样化和复杂化的利益，与此同时，又容易导致利益冲突与摩擦。公共政策必须能及时、合理回应和调节各种利益需求，才能保持社会长期稳定与健康发展。公共政策主要通过吸纳机制和析离机制来实现对利益的调节。当一项公共政策促使某一地区、行业、群体受惠和优先发展时，就会很快调动行动者的积极性，他们就会支持和参与公共政策执行，这就是吸纳机制进行利益调节的结果。例如，"实行民族区域自治，坚持民族平等，民族团结和各民族繁荣的政策，反对大汉主义和地方民族主义，是我国协调各民族关系的基本表现"[1]。另一方面，一定的群体因优惠政策而受益，同时又意味着一定的群体因此而损益，特定的地区、行业、阶层等因利益不可避免地受到抑制，就会出现公共政策的析离现象。如"异地高考"政策会使得京、津、沪、粤、苏等教育资源发达地区的考生利益暂时受损，但是对于全国的教育公平、社会公正和和谐社会构建却有着积极意义。因此，公共政策利用吸纳机制和析离机制来对相关活动者实施利益调节，它是一个复杂的过程，有可能出现囚徒困境和零和博弈，也会出现增量的正和博弈。这就要合理确定调节利益的对象，理性定位协调程度，再决定公共政策的制定是以吸纳机制为主还是以析离机制为主。

（四）政治象征

政治象征功能是指有些公共政策没有具体实施的策略，没有明确财政支撑和人员安排，主要通过抽象的话语去调整社会秩序，进而表明执政党、政府的价值取向。

---

[1]　陈振明．公共政策分析［M］．北京：中国人民大学出版社，2007：46．

象征性功能专属于政治功能，它不同于具体性经济、文化和社会政策，多为政治象征和宣传作用。象征功能并不是说政策没有实际作用，象征功能运用得好，可以增强执政党、政府和政策的合法性，减少不稳定因素的发生；运用得不好，将直接损害执政党、政府和政策的合法性和社会认同感。

三、科技政策

科技政策的内涵没有统一界定，萨利克认为科技政策是政府为了有效促进科学技术发展，为国家发展目标服务而集中形成的强制性和协调性的制度，是国家发展战略与科技现实发展有机结合的产物。联合国教科文组织将科技政策定义为公共部门为提高科技潜力，达成科技综合开发目标，提高科技整体影响力而组建的制度、组织以及执行方向的总称。唐新文认为，科技政策是"国家或地区为了实现经济、社会发展目标与任务，在科技领域采取的行动准则"。科技政策是国家宏观政策的有机组成部分，又是对科技发展具有指导性的策略与原则。

从以上对于科技政策内涵的界定可以看出：第一，科技政策具有鲜明的阶级性。科技政策作为阶级统治有效的管理工具，集中反映了统治阶级的利益诉求。在我国，科技政策充分反映了中国共产党的领导，充分反映了最广大人民的根本利益。第二，科技政策有宏观与微观之分。宏观科技政策既包括国家层面科技政策，如国家的有关科学技术发展的路线、方针，又包括旨在推动本地区科技发展的政策方针。微观科技政策为特定领域与行业的科技发展步骤和方法，以科技人才政策为主。第三，科技政策与市场经济联系较为密切，但在实践运行中它具有较强的自主性和独立性。

四、公共政策与科技政策的关系

从公共政策和科技政策内涵的界定看，二者有着一定的联系，都强调政府的主体作用，但二者的目标客体和作用领域不同，又存在着一些明显差别。

公共政策制定、执行和评估的主体是以政府为核心的公共部门，科技政策是以政府为基准，但在政策制定和实施过程中注重依靠企业、社会组织和市场的作用。公共政策偏重对公共资源进行价值性分配，大多关注国家和整体布局的问题。科技政策偏重关注科学技术发展领域的问题，由于参与主体的多元性，执行手段的柔性，关注的问题更为具体，可直接涉及科技人才发展的家庭、个体等微观问题。

由此可知，科技政策是公共政策的重要内容。因此，对于女性科技人才发展的政策分析，固然包括对科技投入、科技人才、科技创新等一系列科技政策进行分析，也包括与科技人才相关的范围更广、内涵更为丰富的一系列法律条例、制度安排等相关的公共政策，同时也应把与科技政策相关的社会环境纳入分析范畴。

五、科技政策干预科技人才配置

市场经济是一个分散决策、自由竞争的组织体系，是基础性资源配置手段，是人类社会迄今为止最有效的经济运行机制。从市场机制和科技人才关系看，市场经济可以通过经济调节激励科技人才的成长，提高科技人才配置效率。市场经济可以依托灵活调节机制实现科技人才在公共部门的均衡配置。但是另一方面，市场经济因其固有的缺陷和无法克服的局限性时常会导致市场失灵。市场失灵可以依靠反映政府意志的政策予以调节，萨缪尔森指出："世界上任何一个政府，无论多么保守，都不会对经济袖手旁观。"[1] 市场失灵不可避免，市场对于科技人才配置的缺陷和局限性同样不可避免。

第一，市场不能始终保持科技人才的平衡和协调发展。市场调节可以通过事后调节机制实现资源配置，实现经济的协调发展，但其自发性、盲目性、滞后性等缺陷也同样突出，时常导致周期性经济要素的波动和失衡，历次世界性的经济危机直接原因就是市场调节的局限性。同时，无论个体选择理性程度如何，都难以实现集体选择的理性与效率。当市场经济体制发展较为成熟时，科技人才集中流向大公司、大企业和私人部门，涌入金融、房地产等新兴部门，反之则集中流向传统政府部门。无论何种现象都是市场单一的非理性调节，都会导致科技人才在公共部门和私人部门分配不均衡，即使在科、教、文、体、卫等传统公共部门中，科技人才分布也不尽合理。在本书的调查中，科技部门拥有的女性科技人才较少，而卫生、教育等公共部门则聚集大量女性科技人才。这就需要政府制定具有宏观战略的科技人才政策，降低人才配置幅度和频率，优化结构，确保科技人才配置的平衡和协调发展。

第二，市场会导致科技人才配置的垄断性。市场存在一种逻辑悖论：市场良好的状态是在完全竞争的理想状态或垄断竞争的状态下形成的，但因为经营规模和成本优势，会导致资源积聚与集中，最后出现垄断，市场机制最终未能发挥应有作用。

---

[1] 萨缪尔森. 经济学 [M]. 王燕峽，等译. 北京：华夏出版社，1999：412.

从科技人才配置看，一些权力集中或经济优势部门，通过联合、合并等手段，形成对科技人才市场的垄断，出现科技人才领域的"马太效应"，"帕累托最优"即科技人才资源配置的最优化只停留在理想层面。这就要进行"帕累托改进"，关键是政府要充当改进的主要角色，通过科技人才政策对不同性质、不同地域、不同行业的科技人才加以规范和引导，避免出现科技人才的垄断。

第三，市场无法纠正科技人才配置的外部效应。外部效应是指"单个的生产决策或消费决策直接地影响了他人的生产或消费，其过程不是通过市场"[1]。外部效应一方面会导致某些市场主体无偿取得外部经济性收益，另一方面会导致某些市场主体蒙受外部非经济性损益，出现"搭便车"现象。从科技人才配置看，科技人才大量聚集在公共部门、权力部门；从科技人才类别看，专业技术人员较多；从性别看，男性科技人才数量及影响力远远高于女性，一些私人部门的女性科技人才分布相对较少，而且出现固化的趋势。这种趋势利用市场机制不能解决，意识形态和道德教育的作用也有限，更多的是依靠公共政策发挥资源和利益价值性分配作用，减少科技人才配置过程的外部效应。

市场对于科技人才配置调节的失灵，为科技政策干预提供了可能，科技政策和政府的宏观调控成了科技人才全面发展的可靠制度保障。如萨缪尔森所述："当今没有什么东西可以取代市场来组织一个复杂的大型经济。问题是，市场既无心脏，也无头脑，它没有良心，也不会思考，没有什么顾忌。所以，要通过政府制定政策，纠正某些由市场带来的经济缺陷。"[2]

[1] 贝格，费舍尔，多恩布什. 经济学 [M]. 纽约：纽约出版社，1884：334.

[2] 萨缪尔森. 经济学（上册）[M]. 高鸿，译. 北京：中国发展出版社，1992：78.

第三章　嬗变与融合：科技政策的演进历程

党的十一届三中全会以来，极左路线得到了修正。在思想领域，重新确立了以马克思主义、毛泽东思想为指导的思想、政治、组织路线，在经济领域，确立了"调整、改革、整顿、提高"的国民经济发展方针。思想领域、政治领域的改革必然要求科技发展做出相应调整和改革。通过改革开放 40 多年来的科技改革，我国制定了许多与经济社会发展相适应的科技政策，这也充分验证了"科学技术是第一生产力"的指导思想。本章介绍改革开放以来我国和湖北省主要科技政策的变迁历程。

"从人类社会制度变迁的基本分析理路上来看，要弄清楚从一种社会秩序向另一种社会秩序的过渡或转型，关键还是在于理解制度变迁机制的动力在哪里。"[1] 从诺思对于制度变迁的理解来看，制度变迁是一个发展中的转型状态，进行制度变迁的关键是抓准制度相关性的核心动力机制，以此来反映整体的制度变迁过程。因此，本书在对我国和湖北省科技政策的变迁的论述中，主要从某一时段影响最大的标志性的科技政策进行阐述，以点带面来反映该时期科技政策发展的特征。

第一节　我国科技政策的制度变迁

一、科技体制改革全面启动时期（1985—1994 年）

（一）启动阶段：《中共中央关于科学技术体制改革的决定》

中共中央于 1984 年制定了《中共中央关于科学技术体制改革的决定》（草案），

---

[1] 诺思. 制度、制度变迁与经济绩效 [M]. 杭行，译. 北京：格致出版社，2008：41.

标志着我国科技体制改革步入了有领导、有步骤、有组织的制度化轨道。1985 年 3 月，《中共中央关于科学技术体制改革的决定》正式公布，该决定成为我国 20 世纪 80 年代科技改革和发展的指导性纲领。该决定首先肯定了我国过去的科技成果及科技对于社会发展的贡献，同时又指出了传统科技体制严重的弊端，最后指出了改革内容与科技发展方向：①运行机制的改革，变革拨款制度和单一行政管理手段，开拓科技发展的市场技术和空间。②管理手段的改革，对重点项目实行计划管理，项目运行以市场化手段进行管理。③组织结构的改革，实现研究机构与企业相分离，形成研究机构与企业、高校的协作和联动机制。④人事管理的改革，鼓励合理科技人才流动，形成人才辈出、人尽其才的格局。《中共中央关于科学技术体制改革的决定》作为 20 世纪 80 年代的科技体制改革的顶层制度设计，具有较强指导性意义。《关于进一步推进科技体制改革的若干决定》（1987）、《国务院关于推进科研设计单位进入大中型工业企业的规定》（1987）、《关于进一步推动科研与生产联合的若干意见》（1987）、《国务院关于深化科技体制改革若干问题的决定》（1988）、《国家中长期科学技术发展纲要》（1992）、《中华人民共和国科学技术发展十年规划和"八五"计划纲要》等都是《中共中央关于科学技术体制改革的决定》下的制度安排，对于建立与社会主义市场经济相适应、与科技发展规律相适应、与经济社会发展相协调的新型科技体制有重要意义。

（二）格局确立阶段："863 计划""星火计划""火炬计划"等重大计划

自《中共中央关于科学技术体制改革的决定》颁布以来，科技事业被定位为基础性研究、发展高新技术和产业、服务于国民经济建设和社会发展三个层次。其中，服务于国民经济建设和社会发展是科技事业的主轴，基础性研究、发展高新技术和产业是科技事业的两翼。为了更好地完成科技事业的战略目标，国家先后制定和实施了"863 计划""星火计划""火炬计划"等重大计划。

"863 计划"是高科技发展计划的重要组成部分。"两弹一星"的功勋科学家王大珩、王淦昌、杨嘉墀、陈芳允等上书中央的《关于跟踪研究外国战略性高技术发展的建议》，提出发展高端技术的设想，建议得到了邓小平的肯定与批示。1986年11月，党中央、国务院颁布了《国家高技术研究发展计划（863计划）纲要》。"863计划"选取了生物、航天、信息、激光、自动化、能源、新材料等7个高技术领域作为研发的重点。项目实施后硕果累累，中国高端科技先行经济发展，朝着世界高端与先进方向发展。截至1995年，"863计划"选取了1398个研究项目，有550项达到国际先进水平，有475项被广泛应用。

"星火计划"是1985年以来面向农村、农民、农业的科技战略计划，是中国特色的科技兴农之路。邓小平说："现在连山沟里的农民都知道科学技术是生产力。他们从亲身的实践中，懂得了科学技术能够使生产发展起来，使生活富裕起来。"[1] 1985年，为了利用科学技术发展农村经济，致富农民，搞活乡镇企业，加快农村现代化进程，国家科技部推出了"星火计划"。主要内容包括：支持一些实效的技术项目，有效利用农村资源；建立具有科技含量和示范性的乡镇企业，引导农业和农村经济结构调整；培养具有技术、管理水平的农村人才，为农村发展注入人力资源的活力；发展高产、优质、高效农业，推动农村规模经济和社会化服务体系的建立。

"火炬计划"是1998年实施的用于发展中国高新技术产业的指导性计划，是一项旨在促进我国高新技术商品化、产业化和国家化的科技政策。主要内容包括创新高新技术产业发展的环境、建立高新技术产业开发区、建立高新技术创业服务中心、开展火炬计划项目、建立科技型中小企业技术创新基金、推进高新技术产业国际化、实施人才培训计划。"十五"期间国家科技主体计划项目情况与单位经济效益如表3-1、表3-2所示。

表3-1 "十五"期间国家科技主体计划项目（课题）安排情况

	合计	863计划	攻关计划	973计划
项目数	9837	6473	3221	143
中央拨款（亿元）	258.53	150	68.53	40

资料来源：国家科技计划年度报告，中华人民共和国科学技术部发展计划司。

---

[1] 邓小平文选（第3卷）[M]. 北京：人民出版社，1995：107.

表 3-2   "十五"期间承担国家部分科技计划单位的经济效益

	新增产值 （亿元）	净利润 （亿元）	实缴税金 （亿美元）	出口额 （亿美元）
攻关计划	1020.2	197.2	107.2	16.1
星火计划	3288.2	694.16 （新增利税）		80.17 （新增节创汇）
火炬计划	8059.2	1058.1	726.3	156.7
推广计划	979.5	72.9	40.2	10.1

资料来源：国家科技计划年度报告，中华人民共和国科学技术部发展计划司。

（三）新时期：《关于分流人才、调整结构、进一步深化科技体制改革的若干意见》

20 世纪 90 年代以来，随着冷战结束，科技实力成为了国家综合国力和国际竞争力的决定性因素。邓小平适时地提出了"科学技术是第一生产力"思想。该思想是对中华人民共和国成立以来党和政府有关科技政策思想的智慧结晶，成为科教兴国战略强大的理论武器。1978 年，邓小平指出科学技术越来越成为重要的生产力。1988 年，邓小平会见外宾时说，"马克思说过，科学技术是生产力，事实证明这话讲得很对，依我看，科学技术是第一生产力"，"马克思讲过科学技术是生产力，这是非常正确的，现在看来这样说可能不够，恐怕是第一生产力"。[1]1992 年，邓小平南方谈话时指出："我说科学技术是第一生产力。近一二十年来，世界科学技术发展得多快啊！高科技领域的一个突破，带动一批产业的发展。我们自己这几年，离开科学技术能增长得这么快吗？要提倡科学，靠科学才有希望。"[2]至此，"科学技术是第一生产力"思想成了成熟的理论体系。在此背景下，国家科委颁布了《关于分流人才、调整结构、进一步深化科技体制改革的若干意见》（以下简称《意见》），《意见》的第六部分提出了实施科技人才体制改革的具体规定，提出实现"尊重知识，尊重人才，充分调动和发挥广大科技人员的主动性、积极性和创造性"的人才格局。

《意见》要求重视科技人才是第一生产力的实践者、开拓者。首先，继续坚持党领导知识分子政策，加强和完善领导机制，这为科技工作者发挥才能和智慧提供

---

[1] 邓小平文选（第 3 卷）[M]. 北京：人民出版社，1995：275.

[2] 邓小平文选（第 3 卷）[M]. 北京：人民出版社，1995：3.

了良好的社会环境，又有利于建立双向流动人才机制，构建完备的劳动就业制度以及社会保障制度。其次，不断开展细致和充满活力的思想政治教育活动，使得科技工作者既有扎实的专业知识，又具有较高的思想素质和职业道德。《意见》要求关爱老一辈科技工作者和各类专家。对于老一辈科学家，要给予崇高的精神地位，保证他们退休后优渥的社会保障待遇。对于中青年骨干科技工作者，在政治上给予信任、工作上给予放手、生活上给予关怀，使得他们成为懂科技、懂经济、善经营、善管理的复合型科技家。《意见》要求大胆改革科技人员分配制度，按照按劳分配为主体、其他分配方式为补充的指导原则，实行"稳定一头、放开一片"的措施，对不同类型的科技工作者实行分类工资标准，参照国际惯例和国内同类企业标准，大幅度提高科技工作者的工资和福利。最后，《意见》要求推进人才分流和调整结构，积极拓展全方位、多层次、大跨度的合作渠道，鼓励科技工作者积极参与国际竞争，完善相关的政策，为科技工作者国内工作、学习、培训提供帮助，为他们开展国际往来工作提供便利。科技活动人员在主要执行部门的分布如表3-3所示。

表3-3　科技活动人员在主要执行部门的分布（1991—1995年）（单位：千人）

	大中型工业企业		高等学校		研究与开发机构	
	科学家	工程师	科学家	工程师	科学家	工程师
1991	828.8	334.2	592.9	497.9	757.7	382.0
1992	885.6	372.6	594.9	503.6	689.9	375.4
1993	917.8	363.5	628.2	538.0	665.8	370.6
1994	178.7	444.8	595.8	516.2	627.8	361.0
1995	234.1	451.9	598.3	521.7	610.7	355.7

这一时期之所以称作科技体制改革全面启动时期，是基于如下几个原因：第一，我国改革开放序幕刚拉开，科技事业正从传统计划体制转向市场化。第二，公共政策的"效率优先，兼顾公平"价值取向突出。为了更快发展经济，改变落后的状态，科技政策如同其他公共政策一样，"效率优先，兼顾公平"的价值取向明显。第三，科技管理体制还是处于粗放式的体制探索阶段。第四，当时科技人才体制还是封闭系统，科技人才无法承担起高层次全方位的科技发展和科技创新任务。

二、改革深化和调整时期（1995—2005 年）

（一）战略调整时期："科教兴国"战略

20 世纪 90 年代，冷战结束之后，世界竞争转向以科技和人才为基础的综合国力竞争，世界各国无不重视各自的科技发展，强化科技进步，以此增强经济竞争力，提高本国的综合国力。恰逢此时，以江泽民为核心的第三代领导集体敏锐洞察国际和国内新变化，提出了"科教兴国"的战略构想。这一战略构想有着深刻的理论和社会背景。从理论背景看，邓小平提出"科学技术是第一生产力"的思想日趋成熟，1992 年邓小平南方谈话后，"科学技术是第一生产力"的思想被赋予新的时代内涵。该论断为一系列新提法奠定了理论基础：科学技术第一要素作用；科学技术第一变革作用；知识分子成为第一劳动力。从社会背景看，靠拼资源、劳动力的粗放型发展模式连年保持了经济高速增长，同时消耗过大、环境污染过重、回报率较低等发展困境日益突出；我国整体的科技水平较低；农业基础发展后劲不足，农村贫困人口还存在；工业领域中，传统工业较多，高新技术企业较少，生产成本过高，技术含量较低。出现上述困境与问题的重要原因在于我国科技生产和管理能力低下；与此同时，世界各国都把人才强国列为国家发展战略。美国提出了"培养 21 世纪美国人"的人才战略，欧盟提出了"要把知识化放在优先地位"的战略思想，日本提出了"头脑强国"的战略，世界人才的自由化、国际化日趋明显，人才资源的质量状况成为了国家社会进步和文明的主要标志。我国面临国际人才竞争和严峻挑战，从国内思想、经济、科技发展和国家科技发展趋势看，人才强国战略应运而生。

1989 年，江泽民在《推动科技进步是全党全民的历史性任务》中指出：坚持把科技放在优先发展的战略地位，坚持依靠科技来提高经济效益和社会效益，这项国策必须在各级干部的思想上牢固树立起来，切实贯彻下去，长期坚持下去。[1]1991 年，江泽民在科学技术协会第四次全国代表大会上讲话中强调：坚持科技是第一生产力是一场广泛而深刻的变革。这不仅可以极大地提高生产力，而且必将引起生产关系和上层建筑的深刻变化。江泽民把这一转移称为具有战略意义的转变，是十一届三中全会决定工作重点转移的进一步深化，是把这个转移推到一个更高的阶段，同样

---

[1]　江泽民同志理论论述大事纪要 [M]．北京：中共中央党校出版社，1998：336．

具有战略意义。[1]1994 年，江泽民在为《现代科学技术基础知识》一书撰写的序言中强调，综合国力和国际竞争关键是科学技术，号召科技界开展思想解放和大发展活动。1995 年，江泽民在全国科学技术大会上首次正式提出实施"科教兴国"的战略，自此"科教兴国"形成了独立的思想体系。在中国共产党第十五次全国代表大会上，"科教兴国战略"和"可持续发展战略"列入了我国跨世纪的发展战略。

（二）"科教兴国战略"中的科技人才政策

1.建立新型科技管理体制

首先，根据"稳住一头，放开一片"的指导方针，优化和分流科技人才。"稳住一头"是指按照少而精的原则，稳住少数重点科研院所和高校的科研机构，从事基础性研究、有关国家整体利益和长远利益的应用研究、高技术研究、社会公益性研究和重大科技攻关活动。"放开一片"是要放开、放活一大批技术开发型和技术服务型机构，将其引向市场，由事业性机构转变成经营性企业，成为独立的企业法人。[2] 其次，转变科技拨款机制，要把市场竞争和信息服务等考虑进来，积极构建技术中介机构和交易场所。再次，建立市场经济条件下的宏观科技管理机制。减少对科研机构的直接行政干预，对科技项目管理从直接控制到宏观引导。最后，形成现代的科研院所管理制度，加强国家层面的科技立法，规范科技执法，使科研院所成为独立的法人实体。

2.建立稳定的科技投入机制

首先，确定 R&D/GDP 的比例达到 1.5%。科技活动大体可以分为三类：研究开发（R&D）、科技成果的应用推广和科技服务。这三类活动都是科技的重要组成部分，但核心指标是研究开发（R&D），国际上把 R&D/GDP 当成评价一个国家科技投入的核心指标，非指一般意义上的科技总经费与国内生产总值的比例关系。要求在国家财政预算中，设立专门的科技经费科目，确保 R&D/GDP 的比例达到 1.5%，确保科技支出占财政总支出的比例为 5%，科技经费的增长要高于财政收入的年增长速度。其次，建立税收抵免和优惠政策。借鉴国际经验，实行税收抵免优惠政策和国家采购政策，通过优先购买企业的产品，激活发展的实力。最后，完善科技资金的融资

---

[1] 江泽民同志理论论述大事纪要[M].北京：中共中央党校出版社，1998：336.

[2] 崔禄春.建国以来中国共产党的科技政策研究[M].北京：中共中央党校出版社，2000.

渠道。要把国内的各类商业银行的信贷作为优势主渠道,同时要积极争取民间的资金,参与国际金融贷款,形成多渠道、多元的科技资金的融资机制。

3. 培养和使用好科技人才的政策

首先,培养在国际处于科技前沿和国内处于领先水平的跨世纪科学技术带头人。自 1995 年以来,国家科学技术委员会和国家人事部联合推出了"百千万人才工程",中国科学院实行了"百人计划",国家教育委员会推出了"跨世纪优秀人才计划",造就了一大批有为的青年科技人才。完善了博士后培育体系,截至 1998 年,我国共有 450 个博士后流动站,储备了大批的后备科技工作者。深化留学生制度改革,至 1996 年底,共有 8 万人学成回国,部分成为了科技带头人,为我国科技发展注入了新力量。

其次,注重全国科技人才后备力量的积蓄。积极探索教育体制改革,实现了"双基"规划,不断推进素质教育模式改革。在高等教育领域,国家推进高校"211"工程,扩大招生规模,提高了高等教育质量。1999 年,高校在校人数为 420 万,直接培养大批后备科技工作者。在职业教育领域,注重岗位培训和职业教育,近 1 亿企业的职工参与了各类培训,近 3 亿农民受到了实用技术培训,改善了科技人员的布局。1997 年,国有企业的专业技术人员达到 2914 万,直接从事科技事业的人数为 262 万,占专业技术人员的比重为 8.99%,比 1994 年提高了 1.65%。

最后,营造了有利于科技人才发展的环境。1998 年,中央和地方政府联合组建了 15 家区域性和专业性国家级人才市场,实现人才的合理交流与配置。改革了科技人才的分配机制,按照"效率优先、兼顾公平"的分配原则,设定了最低工资保障标准,实行了津贴制,科技领域薪酬高于其他行业平均水平,这稳住了科技人才队伍,扭转了人才外流趋势,甚至还出现了一定程度的人才回流现象。规范了科技奖励政策,1999 年,国家制定了科技奖励政策,每年都进行不同层级的科技奖励,许多贡献突出的科技人才获得经济重奖,有的还成为了中国科学院院士,得到了最高荣誉。

4. 积极参与国际科技的交流与合作

江泽民多次强调国际科技的交流与合作的意义,指出要引进与内化国外先进技术,博采众长,为我所用,这成为我国开展对外科技工作的基本政策。按照中央部署与要求,我国实行"借梯上楼"的对外科技发展策略,积极参与、拓宽国家科技交流与合作,初步形成了多渠道、多层次、多内涵的国际科技合作与交流的模式。截至 1998 年,我国和 135 个国家、地区有科技交流与合作关系,加入了 75 个国际科技组织,签署了 95 个政府间科技合作框架。同时,我国在航天、材料、能源等领域的科技成果积极输送至国外，提高了中国科技的国际威望，也显示了我国科技人才非凡的科技创新能力。

5. 全面推进《中共中央、国务院关于加强技术创新、发展高科技、实现产业化的决定》

创新能力决定着一个国家的发展前途和命运。"一个没有创新能力的民族，难以屹立于世界先进民族之林。"[1] 我国的创新能力与国外先进创新体系有着明显差异，这与我国的科技创新意识不强、科技创新制度不健全、科技创新机制运行不合理等有着密切关联。因此，深化社会主义市场经济条件下的科技体制改革，提高科技创新能力，是提升我国科技竞争力，服务国家与经济社会的发展，适应世界科技发展趋势的必然要求，是中国科技迎接 21 世纪挑战的必由之路。这一切的核心是要营造良好的科技创新环境，只有如此才能有效推进科技的体制创新、技术创新和知识创新，提升科技人才的创新意识和能力。

自 20 世纪 90 年代以来，在全国创新体系中，科技界创新率先启动和形成，我国政府积极推进科技创新工程。在基础科学研究、科技开发研究和科技应用研究等领域推行了创新活动，硕果累累。1996 年，国家推行了"技术创新工程"；1998 年推行了"知识创新工程"，传统的创新项目"攀登计划""863 计划""攻关计划""星火计划"等得以顺利推进。在教育领域，高等教育注入市场机制，进入快速发展阶段，"211"工程继续推进，"985"工程启动，建设了一些重点高校和重点学科，继续为我国科技界提供大批后备人才。这一时期，《中共中央、国务院关于加强技术创新、发展高科技、实现产业化的决定》无疑成为国家科技创新政策体系的典范，它对建立科学创新体系、解决经济发展深层次问题、实现跨越式发展提供了制度、技术、人才等方面的规划与保障。

第一，实行财税扶持的科技政策。加大科技投入的力度，对科研机构、科技人员转变为以项目为主的重点支持，建立技术创新基金，推进政府科技采购政策，实施税收扶持政策，允许技术、管理、资本等要素参与收益分配。

第二，实行金融扶持的科技政策。金融机构积极探索开展企业信贷服务，对信誉好的科技项目，要优先科技贷款；对于有市场前景、技术含量高、经济效益好的科技项目，要提高信贷力度，国家应积极予以贴息支持；培育高新技术产业发展的

---

[1] 江泽民. 论科学技术 [M]. 北京：中央文献出版社，2001：116.

资本市场，建立风险投资机制；制定相关投资管理人才政策与法规，规范科技风险投资的市场。

第三，加强对科技人员的管理。对科研机构实行全员聘用制为主和企业的劳动用人制为辅的改革，实施企业标准的工资分配制度。科研机构和高等院校要加强对技术创新带头人的培养和使用的力度，使更多的年轻科技人才脱颖而出，加强对科技人才进行爱国主义、集体主义等思想教育。积极探索吸引海外优秀科技人才的新机制，在国家已有政策上，给予户籍、住房、子女入学和国际往来等优惠政策。

第四，正确评价科技成果和进行科技奖励。根据科技活动的内容和特点，建立相应的评价和奖励机制。国家级的科技奖特别是国家最高科学技术奖要根据学术水平、社会价值等标准进行评审，对有重大突破、重大发展、巨大的经济效益和社会效益的项目实行重奖，技术发明奖要侧重战略高技术和重大技术发明的奖励，科技进步奖要侧重有良好的社会效益的奖励，国际科学技术合作奖要注重对双边、多边领域的贡献。对于社会力量举办的相关的科技奖励，政府要规范和统一指导，突出科技奖励的公益性。

第五，加强对知识产权的管理和保护。运用相关知识产权的法律、制度保护科技工作者的权益，加大对知识产权的宣传工作，使得科技机构和全社会形成知识产权保护意识和法制观念，按照实际贡献给予相应的报酬和收益，加大知识产权的执法力度，对于知识、技术的侵权行为予以坚决制裁。

三、系统发展时期（2006 年至今）

（一）背景

第一，科学发展观下的科技思想。我国要实现现代化，走中国特色的发展道路，全面实现中国特色的小康社会，必须走自主创新型国家和科学技术发展之路。胡锦涛指出："增强自主创新能力作为发展科学技术的战略基点、作为调整产业结构和转变发展方式的中心环节，把建设创新型国家作为面向未来的重大战略选择，更加自觉、更加坚定地走中国特色自主创新道路。"[1]

---

[1] 黄云. 新中国成立后科技思想及科技政策演变研究 [D]. 重庆：重庆师范大学，2010.

第二，以人为本与人才强国的诉求。科学技术创新应以人为基本着眼点，关注人的地位、维护人的价值、体现人的权利和尊严，这是科学技术全面发展价值的体现，又实现了人的全面发展，造福人类社会是科技的最高境界。胡锦涛多次指出，让科技发展成果惠及全体人民，把科技创新与提高人民生活水平和质量紧密结合起来，与提高人民科学文化素质和健康素质紧密结合起来，使科技创新的成果惠及广大人民群众。

第三，科技与环境和谐发展的诉求。科技作为人类社会发展的"助推器"，给人类的社会物质和精神文明带来了巨大福祉，与此同时，由于各种短视行为和利益驱使等人为原因存在，科技也为生态环境带来了严重损害，如环境污染、生态失衡、水土流失等现象。因此，科学发展必须立足环境，发展科技必须依托好环境，利用好环境，保护好环境，而不是过度地利用、污染、破坏甚至是毁灭环境，否则科技发展将失去发展的物质支持。

（二）远景规划：《国家中长期科学和技术发展规划纲要（2006—2020 年）》中的科技人才政策

改革开放以来，我国的社会主义现代化事业取得了巨大成就，全面建设小康社会出现前所未有的良好态势。但是，我国是发展中国家，经济、科技等面临的国际压力并未能得到根本改变。进入 21 世纪以来，新科技革命迅猛发展和孕育着新的重大突破，它全面而深刻地改变着人类的经济和社会，世界各国都把科技创新列入国家发展战略。面对复杂的新形势，自觉和坚定地把科技进步作为经济社会发展的首要助推器，建设创新型国家，成了我国未来的科技政策战略选择。习近平指出：我国要建设世界科技强国，关键是要建设一支规模宏大、结构合理、素质优良的创新人才队伍，激发各类人才创新活力和潜力。要极大调动和充分尊重广大科技人员的创造精神，激励他们争当创新的推动者和实践者，使谋划创新、推动创新、落实创新成为自觉行动。科技人才培育和成长有其规律，要大兴识才爱才敬才用才之风，为科技人才发展提供良好环境，在创新实践中发现人才、在创新活动中培育人才、在创新事业中凝聚人才，聚天下英才而用之，让更多千里马竞相奔腾。我国政府制定了《国家中长期科学和技术发展规划纲要（2006—2020 年）》，从全局性、战略性、前瞻性的高度对我国科技发展进行总体规划，战略重点突出，体现区域特色，注重外部的开放环境，是指导我国未来科技发展的纲领性政策。《国家中长期科学和技术发展规划纲要（2006—2020年）》第十部分规划了我国未来的科技人才政策。

第一，加快培养与造就具有世界水平的高级科技专家。依托项目、学科培养学科带头人，形成创新型科技团体。注重培养一批战略科学家、科技管理专家，特别是中青年高级专家，完善职称评定制度，积极探索院士制度、政府特殊津贴制度、博士后制度等高层次科技人才的培养和任用机制。

第二，发挥教育在科技人才创新中的重要作用。兴办创新型的教育实践基地，鼓励本科生参与科研活动，支持研究生参与科研项目工作，培育高校学生的探索兴趣与科学精神。高校要重视市场的资源配置作用，设立一些市场化程度较高的交叉学科、新兴学科。继续教育和职业教育要继续承担起培养实用技术专业人才的使命。中小学要深化教学改革，为培养创新型科技人才打下良好基础。

第三，建立符合企业实际的科技人才机制。国家从科技政策和相关配套政策方面给予企业更多的支持，鼓励企业聘请科技人才，鼓励高等院校、科研院所和企业开展科学技术和人才培养合作，为企业培育更多的高层次工程技术人才。

第四，加大吸引留学人才和引进海外高层次人才的力度。对于优秀的留学科技人才，从政策上优先支持，提高留学人才资金资助力度，构建留学人员创业示范基地，实施积极、灵活的就业创业政策。加大海外高层次人才引进力度，高层级的实验室主任、重点科研机构学术带头人和高级科研岗位要逐步推行海内外公开招聘。

第五，构建有利于科技人才创新的文化环境。倡导拼搏进取和自觉奉献的爱国精神，倡导求真务实和勇于创新的科研精神，倡导淡泊名利和团结协作的团队精神，倡导学术自由和民主。提倡理性怀疑和批判的科研态度，允许个性发展。激发创新的科研思维，引导科研职业道德，采取积极措施克服学术浮躁和纠正不端之风，形成和谐与宽松的科研文化氛围。

（三）法制化保障：修订的《中华人民共和国科学技术进步法》

用立法形式颁布的科技政策是我国科技体制改革和进步的根本保障，对科技人才发展有直接保障和推动作用，因为"在现代社会，社会的政治、经济和文化各系统都必须通过法律来构筑，只有法律奠定于客观规律之上，社会各系统的运转才能按照既定的目标运行，即以反映社会发展规律的法律作为样式"[1]。一方面，随着改革开放深入各类新型的关系应运而生，新型利益和矛盾客观存在，只有以立法的形式才能优化社会资源的配置，实现科技资源总供给与需求的平衡。另一方面，我国与世界各国的科技经济活动交往频繁，国际的科技立法潮流成为我国推进科技立法变革的外在动力。科技进步与科技立法是互动又互惠的关系，科技进步需要在现代科技立法中走向成熟，科技立法的动力和完善程度需要在科技进步实践中完成。"离开科技立法规范谈科技进步，科技进步必因无序而失之虚无，离开科技进步而谈科技立法规范必亦因无本而流于徒然。法律与科技只有在各自结构变迁、转型和因此而产生的相互推动中，才能一体化地携手并进地完成从传统向现代化的历史性嬗变。"[2]

进入 20 世纪 90 年代以来，我国先后颁布多项科技立法。如：1993 年的《中华人民共和国科学技术进步法》，1996 年的《中华人民共和国促进科技成果转化法》，2000 年修订的《中华人民共和国专利法》，2001 年的《中华人民共和国著作权法》、《中华人民共和国商标法》，2002 年的《中华人民共和国科学技术普及法》，2007 年修订的《中华人民共和国科学技术进步法》等，这些科技法律为科技事业发展提供了保障。特别是 2007 年修订的《中华人民共和国科学技术进步法》为我国科技进步提供了坚实的法律保障与制度支撑，对加快创新型国家的建设具有十分重大的作用。此次修订的《中华人民共和国科学技术进步法》有如下六个特点。

第一，确立创新型国家建设目标。修订的《中华人民共和国科学技术进步法》指出：国家将以科学发展作为根本指导，全面实施科教兴国的战略计划，以自主创新为手段，以重点跨越为目标，支撑发展和引领未来，构建创新型国家的科技体系。

第二，有效发挥知识产权制度的激励作用。修订的《中华人民共和国科学技术进步法》指出：依法保护知识产权，运用激励方法实现自主创新，企业和其他科技部门要不断有效运用、保护和管理知识产权的意识和能力，增强自主创新能力，形成有利于知识、技术等生产要素参与的分配制度和激励约束机制。

第三，全面提高科技投入的效益。修订的《中华人民共和国科学技术进步法》指出：将财政性科技经费主要投在基础研究、科技基础条件与设施建设、前沿技术研究、

---

[1] 夏锦文，蔡道通. 论中国法治化的观念基础 [J]. 中国法学，1997(5).

[2] 侯强. 立法规范与科技进步的现代化阐释 [J]. 科技进步与对策，2006(6).

关键技术应用和高新技术产业化示范、农业科学技术成果的应用和推广、科学技术普及这六类领域中，提高财政性科技投入，同时为避免科技资源的浪费，应积极提高财政性科技投入的使用效益。

第四，建立科学的决策机制。修订的《中华人民共和国科学技术进步法》指出：建立规范的咨询和决策机制，推进院长或所长的负责制，建立科技委员会咨询制和职工代表大会监督制，形成职责严明、评价客观、开放、规范的现代院所制度，构建科技决策的科学化、民主化与法制化。

第五，保障科技人员的合法权益。修订的《中华人民共和国科学技术进步法》指出：确保青年科技工作者和归国科技工作者的生活，保障科学技术研究开发的自由，确保科技工作者的岗位聘任、继续教育、机构设立、科技社团等权益。

第六，培育科学精神。修订的《中华人民共和国科学技术进步法》提倡追求真理、崇尚创新和求实的科学精神，反对科研活动的抄袭、剽窃或弄虚作假等违法行为，对相关的违法行为规定了行政处分、追回科研资金、上交违法所得、限申报科研项目等处罚措施。1985 年以来不同阶段的科技资源配置重大政策如表 3-4 所示。

表 3-4　1985 年以来不同阶段科技资源配置重大政策

时间	科技体制改革的重点	科技资源配置相关的重大政策及法规
1988—1992 年（科技体制改革全面启动期）	政策走向为放活科研机构、放活科技人员。政策供给集中在改革科研机构的拨款制度、技术市场、组织结构及人事制度等方面。	1985 年颁布《中共中央关于科学技术体制改革的决定》；1986 年成立国家自然科学基金委员会；1988 年实施火炬计划；1991 年建立国家高新区扶持政策；1992 年实施"攀登计划"，支持基金研究。
1993—1998 年（以部门为单位的科技体制改革试点阶段）	主要政策走向：分流人才，调整结构，推进科技经济一体化的发展；培育、发展技术市场和信息市场；创办和发展民营科技型企业；加快高新技术产业开发综合改革；制定和实施 21 世纪人才工程。	1993 年实施《中华人民共和国科学技术进步法》；1995 年颁布《关于加速科学技术进步的决定》，首次提出在全国实施科教兴国战略。1997 年科技部组织实施"973 计划"。1999 年《科技型中小企业技术创新基金项目实施方案（试行）》。
1999—2002 年（转折：科技结构的系统性调整）	"科教兴国"上升为国家战略。加强国家创新体系建设、加速科技成果产业化成为这一时期的主要政策取向。	1999 年颁布的《中共中央、国务院关于加强技术创新、发展高科技、实现产业化的决定》，标志着我国自下而上的科技体制改革取得突破。
时间	科技体制改革的重点	科技资源配置相关的重大政策及法规

续表

2003 年至今（深入：宏观战略性调整：国家创新体系建设）	明确今后科技体制改革的重点，孕育企业成科技创新主体；构建现代新型的科研院所制度；推进科技管理体制改革；全面构建国家创新体系。	2004 年颁布《2004—2010 年国家科技基础条件平台建设纲要》； 2005 年发布《国家中长期科学和技术发展规划纲要（2006—2020 年）》； 2007 年科技支撑计划全面启动； 2007 年新修订的《中华人民共和国科学技术进步法》； 2008 年新的《高新技术企业认定管理办法》； 2012 年《中国中央、国务院关于深化科技体制改革加快国家创新体系建设的意见》； 2013 年《国务院关于印发国家重大科技基础设施建设中长期规划（2012 年—2030 年）的通知》； 2016 年《中华人民共和国促进科技成果转化法》。

第二节　湖北省科技政策演进

改革开放以来，在"科教兴国""建设创新型社会"的战略指导和国家科技体制改革的共同推动之下，湖北省制定了与国家战略相匹配又符合"科教兴鄂"战略规划的科技政策。在国家和湖北省科技政策的共同作用下，湖北省加大科技投入力度，取得了重大科技成果突破，促成了门类齐全、配套完备的研发体系，培育了大批具有科研实力与创新精神的科技人才队伍，他们献身于科技事业，为湖北省经济社会发展注入了强大动力。

一、科技体制改革全面启动时期（1985—1994 年）

改革开放后的科技体制改革是以 1978 年召开的全国科学大会为起点的，在此次大会上邓小平提出，四个现代化实现的关键是科学技术现代化。会后，国家为迅速发展科技制定了一系列的科技政策，推广了一批科技项目，培养和选拔了大批科技人员进行科研和管理任务。但是真正作为我国科技体制改革全面探索和启动的标志是《中共中央关于科学技术体制改革的决定》（1985）的颁布。原因在于：

在《中共中央关于科学技术体制改革的决定》（1985）颁布之前，我国科技管理体制采用的是计划管理体制，这种体制特点为：第一，国家直接组织科技事业的计划、领导、控制、协调等全过程，科技活动具有显著的公有性和国家性。第二，政府是科技投资的绝对主体，R&D 机构和人员为公有，分配制度实行"一大二公"的大锅饭体制。第三，科研系统相对闭塞。科研与生产调节，科技成果与社会结合不紧密，科技成果的市场化转化率不高，科技人员管理机制死板，缺乏必要的流动与更新。第四，这是一种独立自主、自力更生的体制。这种体制在一定历史条件下是符合我国国情而又富有成效的，但是随着发展任务转移和发展策略改变，这种独立自主、自力更生但又封闭的科技体制，极大抑制了科技工作者的积极性和创造性，偏离了以经济建设为中心的轨道，割裂了科技与经济、科技与社会的联系。因而，计划体制之下的科技体制改革势在必然。

《中共中央关于科学技术体制改革的决定》（1985）之所以成为科技体制改革全面探索和启动的标志还在于其涉及了科技改革中的许多深层次问题：科技的目标应为经济建设服务；应改革国家和政府直接管理的机制，积极开拓市场，完善拨款制度；构建加强科技与企业、科技与生产、科技与社会间密切联系的组织机制；构建良好的用人机制。因此，把《中共中央关于科学技术体制改革的决定》（1985）作为改革开放以后科技体制改革全面探索和启动的标志是应然和必然的。因为科技事业是特定的政治、经济、文化等要素的综合反映，它对外部反应有一定的滞后性，须在政治体制改革、经济体制改革、文化体制改革全面启动后，才会按照设计好的轨道发展。另一方面，科技具有相对独立性，科技体制改革短时期能迅速取得成效，如同我国虽然是发展中国家，经济发展属于中等收入国家水平，但我国在生物、航天、电子等重要科技领域处于世界领先水平。

（一）湖北省出台的科技政策

1985年，国家启动了全面的科技体制改革，又逢"七五计划""八五计划"过渡时期，湖北省制定和实施了许多重要的科技政策。1986年，湖北省委、省政府下发并贯彻《中共中央关于科学技术体制改革的决定》。随后，湖北省政府围绕着该决定下发了《湖北省民办科技机构管理试行办法》（1988）、《湖北省技术市场管理暂行办法》（1990）、《湖北省人民政府关于放活科技人员政策的决定》（1992）等科技政策。1992年，湖北省人民代表大会常务委员会发布了《关于依靠科技进步振兴湖北经济的决议》。1993 年，中共湖北省委办公厅、湖北省人民政府颁布的《关于科教兴鄂的决定》正式提出"科教兴鄂"的战略，提出了"科技强省"的规划。

（二）主要的科技计划

在"科学技术是第一生产力"的理念指导下，湖北省积极加快科技体制改革步伐，致力于科学技术发展，相继成功实施了与国家发展战略配套的"星火计划""863 计划""火炬计划"等科技计划。

"星火计划"是我国在 20 世纪 80 年代面向农村的科技计划和科技战略。湖北省从 1986 年开始实施"星火计划"，《湖北省星火计划管理办法》规定，"积极培养和发挥好农村中介组织在人才培训中的作用，引进国外的科技人才，开展农村人才培训，培养农村技术管理人才"，"一九八六年，湖北省共安排星火计划项目 296 项，其中，国家项目 33 项，省列项目 132 项，各地市州县安排项目 131 项。各级匹配总投资 1.49 亿元。根据检查，所列项目除极个别做了调整进展稍慢外，98% 以上进展都很好，年底已完成或见到明显成效的有 177 项，创产值 1.8 亿元，获利税 5000 多万元。人才培训工作开展得卓有成效，各级围绕星火项目培训达 15 万多人次，科技普及型的培训达 85 万多人次，超额完成了 100 万的培训任务，一代新型农民正在茁壮成长，他们活跃在广阔的农村和乡镇企业，正为促进农村经济的腾飞大显身手"。[1]

"863 计划"是我国发展高科技的计划。《关于跟踪研究外国战略性高技术发展的建议》指出：在生物、航天、自动化、信息、激光、能源、新材料这七个高技术领域重点开展科技研究。在高新技术研究方面，湖北省科技自主创新能力突出，一些研究项目已经达到国际领先的水平。例如，"东风混合动力城市公交客车"和"混合动力轿车"两个项目通过了"国家 863 电动汽车专项"总体专家组的验收。中科院物理所的"可微函数空间"，华中科技大学的"灰色模糊控制"，中国地质大学的"华北及其邻区大陆地壳组成与壳幔交换动力学研究"等研究成果达到国际领先水平。

"火炬计划"是 1988 年以来旨在促进高科技的市场化、产业化和国际化而推行的高科技产业开发计划。湖北的"火炬计划"是从 1989 年开始实施的。1991 年，东湖高新区建立，作为高科技发展的平台，以电子信息、生物技术、新医药、新材料和先

---

[1]　黄耀坤．"星火计划"在湖北［J］．科技进步与对策，1987(1)．

进制造业为科技研究重点，推进湖北的高科技研究和成果转化，例如，长飞集团的光纤光缆、武钢的特种钢、华工科技的激光加工设备等科技产品饮誉国内外。1996 年，湖北省高新产业增加值为 72.45 亿元，销售收入为 167.6 亿元，创利 27.5 亿元。

（三）具体的科技政策分析

这一时期科技体制改革成了科技政策的重要内容，具体涉及了许多深层面的科技体制改革内容：第一，推行承包责任制，科研院所实施院所长负责制和任期目标责任制，众多的科研院所成了独具活力、自主经营、自我发展的实体组织。第二，拓宽科技投资渠道，加大科技投资力度。调整了投资结构和方向，形成了以财政拨款和金融贷款为主，以社会集资和利用外资为辅的筹资模式。第三，大力培养能为经济建设服务的急需型人才。改革和加强基础教育、大力发展职业技术教育、改革高等教育和中等专业教育、积极发展成人教育，通过多层次教育培育科技人才。充分发挥科教人员的作用，逐步改善科技工作者的工作、生活条件，表彰、奖励有突出贡献的科教人员。第四，注重科技市场环境建设。建立和完善了相关科技市场化的技术信息网络建设和技术交易活动。

高新技术和高新产业的发展成为这一时期科技政策的新亮点。为了促进高新技术和高新产业的发展，湖北省出台了相应的科技政策，优先扶持和发展高新技术和高新产业。2000 年，武汉"中国光谷"（国家光电子信息产业基地）成立，基地聚集了一批高技术和高创新能力的企业和科技人才。2001 年，国家计划委员会批准了中国光电子信息产业基地——武汉东湖新技术开发区，它作为全国最大的光电子信息产业基地，现已成为了"国内一流、国际知名"的电子产业基地，基地聚集了一大批优秀企业集团的科学家、技术专家、企业人才，成了湖北省乃至我国科技人才的重要培育场所。

科技发展的关键是培育好、使用好科技人才，因而，突出科技人才的主体地位是这一时期科技政策的重点。第一，培育合理的科技人才交流机制。利用调离、停薪留职、辞职、兼职等形式进行科技人才交流。第二，建立多样的激励机制。科技人员的报酬与经济效益相联系，按劳分配与按效益分配相结合。提高报酬和建立优惠政策，鼓励中专生、大学生和研究生到企业、到基层去开展科研工作。对有重大贡献的科技人才设立重奖，优先解决他们的专业技术职务，对辛勤工作在基层从事技术开发和推广的科技工作者，优先或就近解决其配偶及子女户口和入学问题，采取特别优惠政策吸引外省科技人员、留学回国的科技人员。第三，建立科技人才管理的联动机制。理顺政府部门和公安、司法部门在科技人才管理中的职责，维护好科技人才合法的权益和培养良好的工作环境。

二、"科技兴鄂"战略时期（1995—2006 年）

（一）"科技兴鄂"战略的背景

"科技兴鄂"战略的理论基础是"科学技术是第一生产力"。"科学技术是第一生产力"是邓小平同志洞察了国内的粗放型经济增长方式的负面影响后，理性而全面把握了国际竞争是以科技为支撑、以经济为基础的综合国力竞争背景下而创造性提出来的战略思想。这一思想发展了马克思主义有关的科学和生产力学说，又结合了我国实际国情，阐述了科学技术和生产力的内在规律，突出了科学技术的最重要贡献，成了我国科技政策制定的理论基础，为现代化建设指明了道路和战略方向，同样也必然成为"科技兴鄂"战略的理论基础。

"科技兴鄂"战略是调整湖北经济增长方式和经济结构的需要。20 世纪 90 年代之初，为了克服经济困难，调整经济结构，转变经济增长方式，党中央提出了依靠科技进步，提升经济效益，实现国民经济快速、稳定和协调发展。湖北省适时调整了经济发展思路，重视发挥科技进步作用，在全国率先提出了"科技兴鄂"战略，它是当时湖北省调整发展思路、走出发展困境、振兴湖北经济的现实选择和有效途径。

"科技兴鄂"战略是实现中部崛起的迫切要求。中部崛起是国家为推进中部六省（河南、山西、安徽、湖北、江西、湖南）经济与社会全面发展而推行的政策战略。湖北省作为中部乃至全国粮食核心、工农业老基地、交通枢纽，是中部崛起战略的重要组成部分。同样，湖北省作为老基地，传统科学技术和科技管理机制十分滞后，粗放型经济增长方式仍有市场，这些制约了湖北省的经济、资源、技术发展，阻碍了经济振兴。因此，把依靠科技进步放在发展战略首位，走依靠科技进步为内涵的发展道路，实施"科技兴鄂"战略是湖北振兴和中部崛起的迫切要求。

"科技兴鄂"战略具有相当的基础条件。1988 年，湖北省的科技人员数量位居全国第五，是全国教育资源的第三大省，工业产值排名全国第九，具备进行"科技兴鄂"战略的技术、经济和人才条件。更为重要的是，当时湖北省各地纷纷推行了"科教兴市""科教兴农"等先行试点，把许多大城市和区域都纳入战略规划中，为"科技兴鄂"的实施提供了一定的社会基础。

（二）"科技兴鄂"战略中的科技人才政策

"科技兴鄂"战略是湖北省经济与社会发展的重要战略决策。在推进此项战略中，从科技政策制定、实施来看，需解决好两个层面的问题与矛盾：第一，科技发展的指导思想为实事求是，这样才能有效结合许多突出的思想和实践性问题。第二，在科技政策制定中，把"科教兴国"和"科技兴鄂"的政策结合起来去解决一系列关键和重要问题。

1. 构建与市场经济相适应的新型科技体制

党的十四届三中全会提出了科技改革的目标：为了实现科技与经济、科技与社会的协调发展，建立与社会主义市场经济相适应的、与经济社会相结合的新型科技体制。这种新型科技体制的核心是实现"稳住一头、放开一片"。所谓"稳住一头"是指稳定一批在基础研究、高新技术研究、重大科技攻关等方面实力较强、水平较高的高等院校和科研机构。"放开一片"是鼓励一些在技术开发和技术服务方面具有优势的科研机构走向市场，服务市场，形成市场化的科研机制。湖北省在推进新型科技体制改革中，从以下几个方面进行：第一，建立了市场化的新型科技运行机制。根据科研机构性质和科研任务需要，通过精简、合并、新设等方式调整了科研机构，整合政府、科研单位、企业和社会等力量，进行了科技人员的分流，形成了结构合理、机制完善的科技人事机制，充分激发了科技人员的工作热情和智慧。第二，建立了科技成果市场化的转化机制。科技部门改变了传统科技管理的方式，积极推进科研成果市场化和效益化。在科技项目的立项、攻关、管理和评估等环节中都坚持利用成本—收益的市场化政策工具，形成了较为完善的科技成果的市场化模式。第三，建立了技术创新机制。把科技体制改革和现代企业改革结合起来，企业和科研机构成了独立经济和法人实体，企业充当了科技创新的主体。同时科研与生产密切结合，服务于生产和社会生活。第四，建立了科技服务体系。科技服务是科技活动的重要组成部分，为科技发展注入了良好的技术、文化等动力。

2. 加大科技投入力度

科技投入是科技发展的技术、物质保证，是落实"科技兴鄂"战略的基本条件，没有足够的资金投入，"科技兴鄂"战略的实现将是无源之水，一纸空文。据全社会科技投入调查，湖北省研究开发经费占 GNP 的比例仅为 0.58%，低于全国 0.7% 的水平，更低于发达国家的 2%~3% 和许多发展中国家的 1%~2% 的水平。[1] 增加公共财政对科技与教育的投入。从科技发展规律看，财政对于科技投入应高于财政经常性收入的增长幅度。增加科技投入，还意味着合理利用金融贷款、社会资金和国外资金等，进行全方位的科技投入。到 1996 年，湖北省级的科技三项费用基数大幅提高到 4500 万元，增长幅度高于财政增长速度，省级科普经费由战略实施前的 250 万元提高到了 500 万元，各地方政府（地、市、州、县）的科技三项费用的投入高于财政预算支出的 1%，各地方政府（地、市、州、县）科普经费由战略实施前的人均 0.05 元提高到人均 0.1 元。

3. 实施人才兴鄂

科技人才是生产力的开拓者，是科技发展的推动力量，经济发展、社会进步归根结底取决于人才培育状况，为了实现"科技兴鄂"战略，提高科技竞争力，湖北省经济采用了多项科技人才政策，培育了大批的科技人才。

设计有利于培养青年学术、技术带头人和科技企业家的政策。以"跨世纪人才工程"和"九五"人才培养计划为依托，对科技人才实施动态管理与专门指导，给予科研重点的支持，把好培养好和用好科技人才的关。

突出多样的激励政策，维护好科技人员的合法权益。设立"科技兴鄂"奖，对有突出贡献的组织和个人给予重奖。构建科技进步的统计监测指标体系和考核办法，把政府、科研单位、社会组织等组织纳入考核体系中，共同推动考核的公正化。实施优秀科技工作者的技术岗位津贴制度，鼓励中专以上毕业生去基层进行科研，上调工资标准，提高研究生的生活待遇，对在鄂工作院士每月发放 1000 元津贴，积极筹备服务留学归国人员的高新产业园。

注重培养普通的技术人才的政策。开展群众性的科普活动，使得科技深入社会，善于从工人、农民中引导出专业技术人才。大力发展各类职业教育和社会教育，加强各类专业技术的培训，提高从事科学和技术的工作者的素质。

---

[1]　郭朝江. 关于落实科技兴鄂战略的思考［J］. 科技进步与对策，1994(3).

10年来，在"科技兴鄂"战略的影响下，湖北科教大省的地位不断提升，科技实力显著增强，多项科技指标跨入全国前五名。各类专业技术人员已达120多万人，拥有两院院士48人。每年取得国内先进水平的科技成果500多项，其中20%左右达到国际先进水平，65%以上达到国内领先水平。拥有国家重点学科57个，居全国第4位；已建有国家实验室一个，全国仅5个；国家重点实验室13个，居全国第3位；国家级火炬计划产业基地7个，居全国第4位；本专科教育居全国第3位，研究生教育居全国第4位。[1]

4. 大力推行科普工作

国民的科学文化素质决定了经济社会发展，决定着科学技术的可持续发展，提高全社会人民的科学文化素质是实现"科教兴鄂"战略施行的根本性、长期性、可持续性的保障。1994年，《中共中央、国务院关于加强科学技术普及工作的若干意见》指出要大力提倡树立求实创新、怀疑和批判的科学精神，坚决反对迷信和伪科学，反对邪教活动。之后湖北省人民政府颁布了《湖北省科学技术普及工作"九五"计划纲要》通知，通知要求全社会兴起科普工作热潮，提高全民的文化素质，实现"科教兴国"和"科技兴鄂"。大力发展农民专业技术协会，加强对农民和民族地区的科普工作，注重对青少年、领导干部的科普教育，广泛开展对职工队伍的技术培训和职业道德修养的培训，打造出具有过硬的专业知识和高思想水准的科普队伍。

三、"建设创新型湖北"战略时期

（一）"建设创新型湖北"战略的提出

从国家层面的科技政策看，随着《国家中长期科学和技术发展规划纲要（2006—2020年）》、《中共中央、国务院关于实施科技规划纲要增强自主创新能力的决定》和《关于实施〈国家中长期科学和技术发展规划纲要（2006—2020年）〉若干配套政策的通知》等系统性科技政策颁布，标志着我国从"科教兴国""人才强国战略"到"建设创新型国家"的跨越式发展，这些科技政策从指导思想、发展目标以及总

---

[1] 刘利. 鄂兴科技与科技兴鄂——论半个世纪以来湖北省科学技术的发展 [D]. 武汉：武汉大学，2005.

体部署等顶层制度层面规划出了"建设创新型国家"的目标。面对"建设创新型国家"的战略目标，中共湖北省委湖北省人民政府颁布了《关于增强自主创新能力建设创新型湖北的决定》（2006年），指出"充分发挥我省科教优势，增强自主创新能力，努力建设创新型湖北，加快构建促进中部地区崛起的重要战略支点"。

"建设创新型湖北"是自"建设创新型国家""科技兴鄂"战略以来又一次调整科技发展模式的重大部署。实现"建设创新型湖北"关键在于设计出各种科技规划、单项科技政策，使得科技战略与具体的科技政策相一致。

（二）"建设创新型湖北"中的科技人才政策

"建设创新型湖北"源于国家层面的"建设创新型国家"思想，创新型国家是指以追求原始性科技创新为国家发展的基本战略取向，以原始性创新为基本发展的驱动因素，并立足于向别国出口创新产品，从而处在科学技术与经济社会发展链条高端的一种国家类型。[1] 从从内涵上看，创新须以原始性科技创新为驱动要素，才能走出一条新型的发展道路。湖北作为中部地区崛起的重要战略支点，要全面实现小康社会，实现湖北由科技大省向创新大省转变，科技创新成为必由之路。"建设创新型湖北"战略中的科技政策主要有《中共湖北省委　湖北省人民政府关于增强自主创新能力　建设创新型湖北的决定》（2006年）、《湖北省科技发展"十一五"规划纲要》（2006年）、《中共湖北省委　湖北省人民政府关于发挥科技支撑作用促进经济平稳较快发展的实施意见》（2007年）、《湖北省政府关于深化改革　创新机制　加速全省高新技术产业发展的意见（试行）》（2008年）、《湖北省引进海外高层次人才实施办法》（2009年）、《湖北省中长期人才发展规划纲要（2010—2020年）》等，这些科技政策有如下科技创新内容：

1.建设系统的科技创新体系

第一，构建以企业为主体的创新体系。加快建立以企业为创新主体、市场为创新导向、多种形式的战略联盟。在加快构建区域创新体系中，促进企业成为科技投入的主体，促成企业成为科技创新和科技成果应用的主体，规范政府在采购政策中的责任地位，支持企业进行消化、吸收、再创新的高层次创新。

第二，构建系统的科技投入体系。科技事业属于公共产品，具有规模大、周期长、

---

[1]　赵凌云. 创新型国家的形成规律及其对中国的启示 [J]. 学习月刊，2006(3).

回报率低下等特点，需要大量的投入，任何单一投入主体都不会导致资源配置最优，这就决定了科技投入需实施多元化和社会化投入的体系。与此同时，政府的公共支出仍然是科技投入的主体，公共财政是优化全社会范围科技资源配置的根本保障。在湖北省科技投资体系中，首先，保障财政投入的持续增长，全省各级政府加大财政投入力度，"十一五"计划期间财政科技投入要明显高于财政经常性收入的增幅，从2006年财政预算开始，省级财政安排1亿元的重大科技专项基金，以后逐年递增，市级政府、县级政府的科学技术经费（科技三项费用）比例不得低于同级财政支出。其次，发展科技的风险投资和资本市场。对创业风险投资的企业，实行税收优惠政策，设立创业风险投资引导资金，加强对企业资金和社会资金的引导，尤其要支持处于"种子期"和"起步期"的高新技术企业。最后，完善金融对于科技创新的扶持。重点支持政策性金融机构利用基金、贴息、担保等形式规范科技融资，建立起具有规模影响力的省科技投融资平台。省财政专门安排资金建立中小企业信用担保体系，引导和激励社会资金投入。

第三，建立知识产权的政策创新。当今世界竞争，科技创新、技术创新、知识创新是核心内容，知识产权有利于保护创新成果，提升企业核心竞争力，促进科技经济发展和创新型国家建设。迄今我国为了加强知识产权的保护与管理，制定了如下法律与政策：《中华人民共和国商标法》（2001年）、修订的《中华人民共和国著作权法》、修订的《中华人民共和国专利法》（2001年）、《国家知识产权战略纲要》（2008年）等，湖北省在积极贯彻国家层面法律规定的同时，依据省情制定了一系列的知识产权保护的法律法规。主要有：《湖北省实施〈中华人民共和国促进科技成果转化法〉办法》（2000年）、《湖北省授权专利补贴专项资金管理办法》（2007年）、《湖北省著名商标认定和促进条例》（2008年）、《湖北省著作权管理办法》（2011年）等法规、条例和管理办法，为湖北省知识产权的管理与保护提供了可靠的政策保障。首先，积极推进了知识产权的法制体系，构建尊重、保护知识产权的法制环境。其次，构建有效的知识产权导向机制，知识产权既是项目立项与管理的基本要素，又是科研人员的绩效考核、职称评定、职级晋升的依据。再次，建立了知识产权特别审查机制。对自主知识产权、关键技术和重要项目实行特别审查，安排省级专利发展专项资金予以重点扶持。最后，构建了知识产权信息和服务平台，加强对知识产权的信息加工分析和战略选择探索，建立起去除贸易技术壁垒的信息通报和预警机制。

2. 发展创新型科技人才队伍

建设创新型湖北，增强自主创新能力的关键是靠发挥科技人才的积极性、创造性，实现人尽其才、才尽其用的人才机制。这一时期，主要的科技人才政策有：《湖北省鼓励高校和科研机构科技人员创业的若干规定》（2006）、《湖北省关于为引进海外高层次人才提供工作条件和特定生活待遇的若干规定》（2009）、《关于开展湖北省2009年度"百人计划"》、《湖北省中长期人才发展规划纲要（2010—2020年）》等政策，这些对创新型人才的发展提供了政策保障。第一，改进人才培养和开发机制。加强人才市场化配置的引导，优化人才资源格局。重视科学的人才评价制度，坚持以能力作为主要评价标准。加快建立覆盖全社会的职业培训体系，构建学习型社会。第二，创新人才发现、评价机制，在实践和群众中进行评价人才、识别人才。要根据人才的能力特点，建立科学分类体系，要建立以职位为基础、以德行、业绩为导向的人才发现和评价机制，要在强化政府对于人才积极引导的同时，积极引入第三方评价和监督机制。第三，改革人才选拔使用的机制。以竞争上岗、公开选拔、公推公选等为方式，以任期制和聘任制为制度，打破科研单位的终身制惯性。第四，建立合理的人才流动机制。构建以市场为导向的人才资源机制，这种机制应突出政府的宏观调控、市场机制的公平、科技人才的自主择业等特征。第五，改革与完善人才激励的机制。在注重按劳分配方式的基础上，注重知识、技术、管理等要素参与分配，注重人才资本、科研成果的价值，加强对高层次人才和创新型人才的提薪力度。第六，健全人才的保障机制。加强以人才权益保护、人才争议仲裁等为核心的法律法规的建设，构建重要人才的政府投保制度，鼓励保险机构参与人才的保障，扩大对全社会人才保障的覆盖面。

3. 营造良好的自主创新环境

增强自主创新能力，"建设创新型湖北"是一场影响广泛而深刻的改革，要加快建立自主创新的政策体系，实现科技政策与经济社会发展相协调，需要营造自主创新的优良环境。首先，要加强"建设创新型湖北"的组织领导，各级党委和政府部门要树立正确的科学发展观和政绩观，把实现自主创新作为工作的重要内容和事关全局发展的大事来抓。其次，健全自主创新的督办机制，成立专门督导组，加强自主创新的指导、协调、监督、评估等工作，建立相关的问责制，保证自主创新体系的规范运作。最后，加强科技人才的部门管理，重视人才工作的研究工作，探索公共部门人力资源开发的规律。

第三节　科技政策分析框架

20 世纪 80 年代以来，随着《中共中央关于科学技术体制改革的决定》的实施，我国科技发展经历了全面启动时期、改革深化和调整时期、系统发展时期后，科技体制改革涵盖了所有科技领域，推动了科教兴国战略的实施。总结归纳我国科技政策框架与内容，设计出更为实际与科学的科技政策，有利于更好地服务经济进步和科技事业发展。

一、科技计划

科技计划是科技计划体系的简称，指一定范围内，由行政主体为实现科技要素优化配置的一系列科技行动方案，所构成的相互联系、相互协调、相互促进的体系。[1]自 20 世纪 80 年代以来，我国中央政府和地方政府推行了多项科技计划，促进了我国科技发展，推动了科技成果的转化，如表 3-5 所示。

表 3-5　国家和省（市）的专项科技计划对应比较

类别	国家级	省市级
科技攻关计划	国家重点科技攻关计划	省市科技攻关计划
星火计划	国家星火计划	省市星火计划
高新技术产业化计划	国家火炬计划	省市火炬计划
科技成果推广计划	国家科技成果重点推广计划	省市重大科技成果推广计划
重点实验室计划	国家重点实验室计划	省市重点实验室计划
基础研究计划	国家自然科学基金	省市自然科学基金
其他专项计划	国家级重点新产品试制鉴定计划 国家中小企业基金项目	科技新星计划

二、科技体制改革政策

具体来说包括五个方面的内容：①宏观导向性的科技政策。如《关于深化科研机构管理体制改革的实施意见》（2000 年）、《国家中长期科学和技术发展规划纲要（2006—2020 年）》、《中华人民共和国科学技术进步法》（2007 年）。②促进

---

[1]　徐建国，吴贵生. 国家科技计划与地方科技计划关系研究［J］. 中国科技论坛，2004（5）.

发展的科技政策。主要是针对公益研究和技术开发进行专门创新的科技政策。例如"863 计划""星火计划""火炬计划"等。③规范性的科技政策。主要规定科技发展过程的具体行为准则。如有关科技项目的《关于转制后税收征管办法》、《财务和资产管理办法》等。④激励性的科技政策。主要是指对科技事业和人员采用的一套刺激性的制度，反映科技主体与科技客体相互作用的政策。如科技政策中的"股权激励试点""深化转制科研机构产权制度改革"等。⑤保障扶持性的科技政策，是指对科技发展的特定主体和行为方式采取的优惠和特许的政策。如《科技兴贸计划》（1997 年）、《推进高新技术产品出口的指导意见》（1997 年）、《关于改革土地估价结果确认和土地资产处置审批办法的通知》（2001 年）等。

三、知识产权法律法规

重视制订知识产权的法律法规，有利于鼓励科技创新，激发自主知识产权的研发能力，提高我国整体科技研发能力。目前我国知识产权法律法规有两大类：一是知识产权立法类。最突出的是《国家知识产权战略纲要》（2008 年），它明确提出了进一步完善相关的知识产权中的法律法规，制定相关的产业政策、区域政策、科技政策和贸易政策，突出知识产权在社会经济发展、文化塑造中的导向功能。还有知识产权中的法律法规，如《知识产权海关保护条例》（1995 年）、《中华人民共和国专利法》（2000 年）、《中华人民共和国商标法》（2001 年）、《中华人民共和国著作权法》（2001 年）等。二是知识产权保护的政策。较为突出的是《关于国家科研计划项目研究成果知识产权管理的若干规定》（2002 年），该规定明确了知识产权体系中的国家、单位、个人的责任和权益，充分调动科研单位和个人的研发积极性，加速科研成果的转化。

四、科技人才政策

人才是经济社会中最为活跃、最关键的要素之一，对于民族振兴、国家和经济社会发展具有无法估量的作用。建立起人尽其才、才尽其用的用人机制，是科技政策的主要功能。改革开放以来，我国的科技人才政策主要涉及了以下几个层面的内容：①有关高层次的科技人才政策。《国家中长期科学和技术发展规划纲要（2006—2020 年）》指出：进一步强调加快培养造就一批具有世界前沿水平的高级专家，并细化为学科带头人、创新团队、战略科学家和科技管理专家。[1] 对高层次科技人才的使用进行合理的制度安排，标志着我国高层次科技人才的发展进入制度化、法制化轨道。②有关科技人才的岗位聘任制度。《关于在事业单位试行人员聘用制度意见的通知》（2002 年）要求"全面推行公开招聘制度""建立和完善考核制度""规范解聘辞聘制度"，明确规定对于考核不合格的、不能适应岗位要求的人员要实行解聘。[2]《事业单位设置管理试行办法》（2006 年）对岗位的设置和聘任提出了具体的指导。《2002—2005 年全国人才队伍建设规划纲要》指出，"国家要建立人才统计指标体系，定期发布人才需求预测白皮书，强调要打破人才身份、所有制等限制，探索多种人才流动形式，鼓励科技人才向企业转移，鼓励科研院所人才向本行业内人才相对匮乏的单位流动"；《国家中长期科学和技术发展规划纲要（2006—2020 年）》指出，坚持和完善党政领导干部职务任期制，建立聘任制公务员管理制度。[3] ③相关的人才评价、奖励等政策。在人才评价的政策中，《中共中央、国务院关于进一步加强人才工作的决定》要求以能力和业绩为重点对科技人才进行综合评价，《关于改进科学技术评价工作的决定》（2003 年）、《科学技术评价方法》（2003 年）对科技人才的评价都做出了原则性和技术性的规定。《国家中长期科学和技术发展规划纲要（2006—2020 年）》要求构建制度化和标准化的科技人才评价机制，明确评价指标内容设置和权值。在人才奖励方面，《国家科学技术奖励条例》（1999 年）、《国家科学技术奖励条例实施细则》（1999 年）、《省、部级科学技术奖励管理办法》（1999 年）、《社会力量设立科学技术奖管理办法》（1999 年）、《关于促进科技成果转化的若干规定》（1999 年）等政策明确了我国科技人才奖励的范围、额度、实施期权等，构建了多层次的科技人才奖励体系。

五、高新技术产业发展政策

我国出台了多项政策，涉及了高新技术开发区的建设、高新技术企业和民营科

---

[1] 国家中长期科学和技术发展规划纲要（2006—2020 年）[Z]. 新华社，2006-02-09.

[2] 国务院办公厅转发人事部关于在事业单位试行人员聘用制度意见的通知 [Z]. 国办发〔2002〕35 号.

[3] 国务院关于印发实施《国家中长期科学和技术发展规划纲要（2006—2020 年）》若干配套政策的通知 [Z]. 国发〔2006〕6 号.

技企业的发展，高新技术的投资、转让和出口等内容。国家层面的科技政策主要有：《国家高新技术革新产业开发区税收政策的规定》（1991年）、《国家高新技术产业开发区若干政策的暂行规定》（1991年）、《促进科技成果转化法》（1996年）、《中共中央、国务院关于加强技术创新、发展高科技、实现产业化的决定》（1999年）、《国家自主创新产品目录》（2006年）、《国务院关于实施企业所得税过渡优惠政策的通知》（2007年）等。高新技术产业发展政策的内容包括以下几个方面：①建立多元化的资金投入机制和积极引入风险投资机制。②加大财税优惠政策。③加大人才引进、奖励政策。④提高企业技术创新能力。⑤加强国际交流和合作。

六、科技中介服务机构发展政策

随着经济社会的发展，一大批具有"科学技术推广与转化""科学技术评估""创新科学技术决策与管理"等职能的科技中介机构应运而生。为了使科技中介机构有效服务于社会、服务于科技，国家先后出台数十项有关科技中介服务机构发展政策，提出了规范科技中介服务机构发展的措施，包括：①宏观定位。《关于大力发展科技中介机构的意见》（2002年）提出了用5年时间构建适应社会主义市场经济体制和科技体制需求的科技中介服务机构。②中观引导。各类科技中介机构根据各自性质和特点进行科学的发展定位。③微观指导。为科技中介服务机构快速、健康发展提供政策环境建设，增加投入和规范行为。

第四章　收益与失灵：科技政策的系统分析视角

科技政策制定进入实施阶段后就存在着科技政策的效益、效能、经济和公平的表现，由此构成了科技政策的绩效。科技政策作为公共政策的重要组成部分，它的价值取向、制度设计与安排、运行方式等需有相当的科学性和合理性。科技政策对于科技人才成长与发展具有指导价值，其本身包括了宏观层面国家与社会的收益，中观层面行业与部门的收益，微观层面群体与个体的收益。另一方面，任何科技政策实施效果都存在着时滞性，这加大了科技政策运行的摇摆性，影响了科技政策的预期收益，从而会出现科技政策执行偏差、科技政策效果不确定、创造与探索的科学精神缺失等困境。因此，科学而全面地考察科技政策绩效，有利于分析与科技人才的成长与发展程度相关的问题。

第一节　科技政策收益视角下我国科技人才发展的系统性分析

一、为我国科技人才队伍发展提供了战略性的规划

人才是科技资源的核心要素，它决定着其他科技资源要素组成的合理性和实现程度，科教兴国和可持续发展很大程度取决于科技人才数量和质量发展的程度。我国一直重视科技人才发展规划。从 20 世纪 80 年代的《中共中央关于科学技术体制改革的决定》，20 世纪 90 年代的科教兴国战略，到 21 世纪的《国家中长期科学和技术发展规划纲要（2006—2020 年）》等标志性的科技政策，都把科技人才发展列入科技政策内容的重中之重，对科技人才培养的指导思想、培养机制、用人机制、

奖励机制、评价机制等进行了纲领性制度规定。"人才强国""人力资源是第一资源""建设创新型国家"等观念深入社会，科技人才政策从顶层制度设计进入有效贯彻的阶段。

二、形成了使科技人才脱颖而出的机制

从用人机制看，形成了以能力为基本导向的用人机制。按照公开、公平、竞争、择优原则，对各类科技人员实行聘用制，推动了科技人力资源的合理流动和配置，使更多的优秀人才脱颖而出。实行了项目负责制，项目负责人对科研项目的管理和资源调配有较大自主权。从职称评审制度看，建立了科学的评审制。加强了对专业评审中心的建设，发展了人事考试制度，实现了职称评定专业化和社会化双向结合的体制，形成了申报权的个人决定、评审权的独立、聘用权在单位的职称评审体系。对一些事关重大、社会性较强、所需资格严格的专业技术岗位，实行职业资格考试制度。从激励机制看，建立了以"按劳分配"为导向的薪酬制度。同时，在国家薪酬政策指导下，科研单位可依实际决定分配制度，分配过程中注重资金、成果、资本等其他要素参与分配。推行岗位工资制度，科研工作者的报酬由基本工资和岗位工资、单位和个人的业绩构成。完善了科技奖励制度，《国家科学技术奖励条例》等奖励政策规定对思想素质好、科研能力强、科研成果影响大的科技人才，所在单位和相应政府部门都应实行不同类别的奖励。从科技成果转化的效果看，较好地促进了经济社会建设和发展。我国的重大科技成果一直保持较高的应用率，稳中有升，比例达到了90%。

三、大幅度提升了科技人才的创新能力

科技人才创新能力是指由科技人才自身存量、科技投入和产出等因素决定，反映科技人才的学习能力、创造能力、竞争能力以及推动经济社会发展能力的外在表现状态。[1] 据科技部2011年公布数据，我国的科技人力资源数量为5100万人，高居世界第一，研发人员229万人，位居世界第二。我国形成了具有相当规模的科研自主创新体系，在纳米、生物、航天、电子技术等领域的科研开发能力跻身世界先进水平，我国的新型铁基超导材料是世界同类技术的前沿代表，世界上第一次成功克

---

[1]　周爱军. 河北省科技人才创新能力开发机制研究 [J]. 河北学刊，2009(3).

隆了活体小鼠，载人航天和探月工程取得了实质性突破，千万亿次运算性能的"天河一号"等比肩世界前沿水平。反映科技人才创新能力的重要指标——科技专利也在加速增长，如表4-1所示。

表4-1 我国的科技产出

项目 ＼ 年份	1998年	1999年	2000年	2001年	2002年	2003年	2004年	2005年
重大科技成果（项）	28584	31060	32858	28448	26697	30486	31720	34334
专利申请量（万件）	12.2	13.4	17.1	20.4	25.3	30.8	35.4	47.6
发明专利申请量（万件）	3.6	3.7	5.2	6.3	8.0	10.5	13.0	17.3
专利授权量（万件）	6.8	10.0	10.5	11.4	13.2	18.2	19.0	21.4
发明专利授权量（万件）	0.5	0.8	1.3	1.6	2.1	3.7	4.9	5.3
SCT、EI、ISTP系统收录的我国科技论文数（万篇）	3.5	4.6	5.0	6.5	77	9.3	11.1	15

四、培育了大批具有科研影响力的高层次科技人才

高层次科技人才是科技人才体系中的核心与中坚力量，主要包括院士、科学家、工程师以及一些在科技领域做出非凡成绩和贡献的优秀科技人才。在有关科技人才政策的激励下，我国培育了大批高层次科技人才，如"院士""百人计划""长江学者""杰出青年科技基金人才"等。截至2010年，我国有709名中国科学院院士，751名中国工程院院士。截至2012年，我国共有1801名长江学者。高层次的科技人才在积极促进科学和工程技术的研究、开发和应用，参与推动国家科学技术思想库的建设，围绕推进经济社会发展、改善人民生活、保障国家安全等方面的重大科技问题，开展宏观性、战略性、前瞻性、综合性的决策咨询，传播创新精神、展示创新成果和普及科学知识，建设学术梯队，培养创新型科技人才等等方面发挥了重大的积极作用。[1]

---

[1] 舒志彪. 院士参与创新型国家建设状况调查 [J]. 科学管理研究，2009(12).

五、建设了一支优秀的青年科技人才队伍

《国家中长期科学和技术发展规划纲要（2006—2020 年）》提出到 2020 年建设创新型国家，科技人才成为经济社会发展的强有力支柱，青年科技人才则是创新型国家建设中的主力军。国际研究表明 30~39 岁是科技工作人才科技创新和产出的高峰期，原因在于这个阶段他们思维敏捷、创新能力强、精力充沛。因此青年科技人才队伍建设对于我国的科技远景目标和国家宏观战略实现有着举足轻重的作用。在我国科技人力资源中，40 岁以下的占 65.7% 左右。[1] 在我国许多科技政策中，非常注重青年科技人才培养等问题，如《关于加强选拔优秀青年科技人员聘任高级专业技术职务工作的若干意见》（1995 年）、《中共中央、国务院关于加速科学技术进步的决定》（1995 年）、《关于培养跨世纪学术和技术带头人的意见》（1995 年）、《关于强化"百千万人才工程"人选培养的通知》（1996 年）等科技人才政策中，全面肯定了青年科技人才的突出作用，提出构建有利于青年科技人才发展的育人激励机制，构建有利于青年科技人才发展的保健机制，制定多渠道、多层次培养优秀青年科技人才队伍的办法。

六、培养了充足的可持续发展的后备科技人才

大学生是科技人才坚强的后备力量。改革开放 40 多年来，我国高等教育体制进行了数次以适应市场经济体制的改革，形成了相应公共政策，较为突出的是《关于加快改革和积极发展普通高等教育的意见》（1992 年）、《关于加强高等学校本科教学工作提高教学质量的若干意见》（2001 年），这些政策成为了高等教育发展的指南针和导航仪，我国高等教育蓬勃发展，大学生数量成倍增加，培养质量显著提高。据教育部网站数据显示，2012 年，全国普通高校安排招生 685 万，全国硕士研究生招生总规模为 51 万人，各类留学生总人数达到 41 万人。在继续教育方面，《全国专业技术人员继续教育"九五"规划纲要》（1996 年）、《2003—2005 年全国专业技术人员继续教育规划纲要》等政策勾画了我国未来继续教育"以专业技术人员能力建设为主线，以高层次人才培养为重点，以改革创新为动力，以提高专业技术人员队伍

---

[1] 中国科学技术协会调研宣传部，等. 中国科技人力资源发展研究报告 [M]. 北京：中国科学技术出版社，2008：36.

的整体素质和能力水平为目的"的发展方向。这些政策有利于为科技发展培养充足的后备力量。

第二节 科技政策失灵视角下我国科技人才发展的系统性分析

一、科技人才政策的微观导向性缺失

科技人才政策是政治、经济、文化环境和科技发展情况的集中体现。从政策收益看，我国科技政策是从宏观战略规划和目标出发，在科技人才的数量、分布结构、管理体制等方面提出远景的发展目标，积极推动了国家经济社会发展。但是科技人才政策对于微观领域的指导性不强。首先，我国的科技人才政策都以宏观形式抽象内容出现，微观层次具体规定较少，有关科技人才发展核心的培养、使用、交流、激励等法规几乎没有，政策的连贯性较差。其次，各自为政现象较为突出。人事部门、财政部门、科技部门和其他政府部门在制定科技人才政策中各有侧重，在科技人才更新机制方面甚至出现了对立现象，缺乏统一的、综合性的、权威的、能够直接统筹科技人才建设的政策，未能有效实现科技人才区域、行业的系统化和全盘化规划，宏观政策和微观科技人才政策缺乏连贯性，科技人才队伍建设与社会环境缺乏匹配性。最后，在微观领域中，深受"官本位"思想制约。许多科技人才是有行政级别的干部，深受行政化影响，某些科技人员不愿意在一线从事科研攻关工作，他们更乐意进入管理部门，追求行政级别，普遍缺乏科技创新、求实的精神。

二、科技人才的竞争性不强

我国的科技人力资源数量为 5100 万人，高居世界第一，研发人员 229 万人，位居世界第二，我国已经是世界科研大国，但不是科技强国。从高层次科技人才分布看，总量偏低。研发人员及科学家、工程师是衡量一个国家核心竞争力和创新能力的重要指标。我国每万名劳动力中的从事 R&D 的人员和科学家、工程师的比例远低于许多科技发达国家。2005 年，我国每万名劳动力中的 R&D 的人员约为 17.5 人，为美国、日本的 1/9，法国、俄罗斯的 1/7，我国每万名劳动力中从事 R&D 的科学家、工程师为 14.4 人，约为日本、美国的 1/7。从科技创新能力看，我国科技人才的总体创新能力不高，发明创造和技术革新的能力不强，科研成果的市场转化率较低。20 世纪末与 21 世纪初典型年份专利授权情况对比如表 4-2 所示。

表 4-2　20 世纪末与 21 世纪初典型年份专利授权情况对比

成果水平	1997 年		1998 年		2002 年		2003 年		2004 年	
	项目数	构成（%）	项目数	构成（%）	项目数	构成（%）	项目数	构成（%）	项目数	构成（%）
国际领先	783	2.6	956	3.3	942	3.98	1170	4.36	1196	4.37
国际先进	4484	14.7	5193	18.2	5848	24.73	6136	22.86	6267	22.90
国内领先	9781	32.0	9954	34.8	10929	46.21	12112	45.13	13215	48.30
国内先进	13392	43.8	12481	43.7	4881	20.64	6146	22.90	5487	20.05
国内一般	—	—			1049	4.44	1273	4.75	1198	4.38
总计	30566	100.0	28584	100.0	23649	100.0	26837	100.0	27363	100.0
注：该成果水平统计包括技术改造成果										

从人才管理机制看，结构性人才供需矛盾突出。我国许多发达地区进行了人才引进制度、户籍制度等改革，这些地区吸收大量的优秀科技人才，人才聚堆，而且出现了固化趋势。政治、经济、文化、信息、地位成了大量科技人才流动的关键因素，"孔雀东南飞"现象和"北漂"一族就是其集中的体现。同时，从公有制单位向非公有制单位流动，市场经济部分改变了公有制单位和非公有制单位的非对等性地位，公有制单位人事管理体制僵化，激励措施单一，非公有制单位以灵活的人事机制、优厚的待遇、宽松的文化环境等优势，使得更多科技人才向非公有制单位流动。1995—1999 年国有企业工程技术人员变动情况如表 4-3 所示。

表 4-3　1995—1999 年国有企业工程技术人员变动情况表（单位：人）

	1995 年	1996 年	1997 年	1998 年	1999 年
专业技术人员	5625850	5680795	5719337	5656735	5654863

资料来源：《中国统计年鉴》（2000 年）。

三、地域与行业分布差异显著

从地域看，科技人才随着生产要素、资本流动进一步向经济优势地区集中，呈现出以经济为支配导向的区域分布特点。以 2001 年从事 R&D 的科学家和工程师数据为例，东部、中部、西部的比例为：3.31∶1.47∶1，根据《中国科技统计年鉴》（2003年）计算得出有 17.79% 的科学家和工程师集中在上海和北京，其总数是新疆、宁夏、青海、甘肃等西部四个省和自治区的 7.4 倍。国内许多学者对我国科技能力进行区域排名，北京、上海、广东、天津、江苏、浙江等东部沿海省市属于一类地区，而科技能力最差的是西藏、青海，科技能力的地区差异性现象日益严重。科技人才在区域范围内一旦牢固聚集，就会产生一种新的资源积累优势，进而导致分配布局更不公平。另一方面，从经济扩散理论看，随着资本存量的增加，资本边际报酬将递减，经济利润追求促使发达地区的资金人才信息优势将向落后地区寻找更高的边际成本，从这个角度看经济要素并不必然决定科技人员的区域分配，因此，客观经济要素并不是科技人才地区分布的唯一决定因素，而只是主导性因素而已，这给后发展地区提供了科技赶超的空间和可能。[1]

从行业分布看，呈现出以公共权力为主导的行业分布特点。以《中国劳动统计年鉴》（2008 年）对我国女性专业技术人员进行分析。从组织构成要素看，权力是组织合法性和运行的基础支撑。而权力作为一种公共资源对组织资源配置有着直接干预与决定力量。在我国，以公共权力为基础的政府组织和准政府组织，以其公共财政的优势和强势的社会地位，吸引了社会中大部分优秀的女性专业技术人员。从分布行业性质看，我国女性专业技术人员有 84.57% 分布在国有单位，前三位的国有单位分别是：教育文化艺术和广播电影电视业、卫生和体育业、城市集体。其他集体单位和私有单位比例不到 15%，而与居民生活质量密切相关的社会服务行业分布较少，如金融占 5.73%，房地产为最低，仅占 0.65%。一些新型产业、高新技术产业女性专业技术人才更是稀缺。再从行业分布领域看，我国女性专业技术人员为 14435472 人，排名前三位分别为教育 6162486 人、卫生和社会保障及社会福利事业2479651 人、制造业 1590786 人，占全国女性专业技术人员的比例分别为 64.27%、17.12%、11.23%。分布在最后三位的分别是居民服务和其他服务业 26850 人、房地

---

[1] 肖军飞. 制度的困境：中国女性专业技术人员的问题分析 [J]. 湘南学院学报，2012(1).

产 123126 人、电力和燃气及水的生产和供应业 218296 人，占全国女性专业技术人员的比例分别为 0.18%、0.85%、1.52%。

四、性别差异严重

以《中国劳动统计年鉴》（2008 年）为基准分析我国男女专业技术人员分布情况，呈现出以男性为主体的显著性分布特征。随着服务型政府构建推进，我国社会出现了以国家权力收缩为标志的民主改革和民主行政，但女性在传统观念、制度、妇女组织、自身能力等因素制约下，女性专业技术人员处于弱势地位和边缘化状态。从性别总数比来看，2007 年，我国专业技术人员为 33139574 人，女性专业技术人员为 14435472 人，女性占的比例为 43.55%。从性别分布行业看，在国有单位中，女性人数为 11245983 人，占总数比例为 35.12%，在集体单位中，女性人数为 658796 人，占总数比例为 41.68%。笔者在湖北省农科院访谈时，发现在教育背景、培训和工作时间等方面同等情况下，同样层级技术人员中，女性与男性的工资存在约 25% 的差别，但她们付出比男性多一倍左右的心血。从女性专业技术人员团体建设看，一个合理的人才团体是由若干层次相近的人才组成的群体或由若干水平相衔接的人才组成发展梯队，由于女性专业技术人员的共生效应极低，大部分专业技术团队是以男性为核心和带头人形成的高层次人才队伍，女性专业技术人员基本是依附男性从事团体技术开发工作。

第三节　科技政策收益视角下湖北省科技人才发展的系统性分析

进入 21 世纪以来，湖北科技政策在实施中取得了突出的成效，培育了大批有科技创新能力的科技人才队伍，构建了齐全的研发体系，实现了高新技术产业化，一些重大的科技成果脱颖而出，为"科技兴鄂""建设创新型湖北"和湖北经济社会的全面发展提供了强有力的制度支撑。

一、科技体制改革稳步推进

1978 年，在全国第一次科学大会上，邓小平提出"科学技术是生产力"的思想；1995 年，全国第二次科学大会确立了"科教兴国"战略；2006 年，党的十六届三中全会确立了"建设创新型国家"。三次大会，科技发展得到了三次质的飞跃，科技体制改革也随之稳步推进。为促进湖北的发展，围绕着人才培养、人才发展、科技投入、科研管理等体制问题，湖北省出台了相关的科技政策。20 世纪 80 年代，许多科技政策主要任务是着力改变"一大二公"的科技体制，直接改革政府管理体制。1993 年，《中共湖北省委湖北省人民政府关于科教兴鄂的决定》正式提出"科教兴鄂"战略，提出了"科技强省"的规划，规定了省级科技三项经费、事业费、科普经费等投入体制改革。《深化省属科研机构体制改革的实施意见》（2000 年）确立了科研单位的企业化转制的政策，一大批科研单位通过企业化转制，走向了市场，充分发挥了科研优势，迅速成了著名的科研企业。进入 21 世纪以来，湖北省的科技政策进入了前所未有的繁荣期，《湖北省科学技术进步条例》（2009 年）、《湖北省科学技术普及条例》（2006 年）、《湖北省民营科技企业条例》（2003 年）、《湖北省技术市场管理条例》（2004 年）、《关于增强自主创新能力建设创新型湖北的决定》（2006 年）、《关于深化改革创新机制加速全省高新技术产业发展的意见（试行）》（2008 年）、《关于发挥科技支撑作用促进经济平稳较快发展的实施意见》（2009 年）、《湖北省中长期人才发展规划纲要（2010—2020 年）》等促进科技发展的科技法律法规政策体系基本形成，自主创新的核心战略地位进一步明确，科技进步和自主创新迎来前所未有的良好政策法制环境。[1]

二、科技队伍不断壮大和科技人才素质稳步提升

科技人才是社会发展和创新的引领者，是社会发展的战略性资源。湖北省大力推进科技人才工程建设，科技队伍不断壮大和科技人才素质稳步提升，增强了湖北省科技与经济的实力。从科技人才的数量看，截至 2008 年，湖北全省从事科技活动的人员总量为 21.1 万人，其中 R&D 人员为 7.3 万人，占科技活动人员的比重为 34.6%。2009 年，全省高校拥有科技活动人员为 45120 人，其中教授 4565 人，副教

---

[1] 张镧. 湖北省科技体制改革评价及展望 [J]. 科技进步与对策，2012(10).

授 8851 人，讲师 9832 人，博士研究生 8266 人，硕士研究生 12208 人；30 岁以下 7445 人，31~35 岁 7939 人，36~40 岁 7810 人，41~45 岁 8046 人，46~55 岁 11263 人。截至 2008 年，湖北省高校科技活动人数在全国排名第四，中部六省中排名第一。[1] 从科技人员素质结构看，据《中国科技统计年鉴》（2008 年）数据，2007 年，湖北省的科学家和工程师人数为 15.1 万，占科技工作人员的比例为 76.6%。2009 年，湖北省的两院院士有 56 人，位居全国前列，"973 计划"的首席科学家为 26 人，"长江学者"为 134 人，"百人计划"为 53 人。2010 年，依托国家的"千人计划"引进海外科技人才达到 37 人。从人才管理机制改革看，科技政策为广大科技工作者创造了良好的社会环境，如前面所述，湖北的科技政策着重改善科技工作者的创业环境，革新人才机制，着力在改革工资、住房、生活补贴、户籍等方面进行了重大调整，有效激发了科技人才工作的热情和干劲。

三、形成可持续增长的科技投入机制

湖北省近 20 项科技法规和科技政策，始终关注科技投资体系的构建，表现为增加政府的财政支出，注重社会体系的融资，加大科技机构、科技项目投入，改善科研人员的工作和生活条件。2010 年，湖北省 R&D 经费投入达到 264.1 亿元，为 1988 年的 13.6 倍。稳定的科技投入增长主要体现在：第一，科技投入快速增长。从 20 世纪 80 年代设定科学基金和创业基金以来，湖北省的科技投入快速增长。科技三项费用每年增长速度达到了 10% 以上。2010 年，全省的科技拨款占财政支出的 1.65%，财政投资为 61.9 亿元，占总的科技支出比重为 23.4%。2011 年，省级科技投入支持了 1707 项科研计划，投入的资金为 3.25 亿元。与此同时，财政投入从以前的无偿到限制的有偿、有条件的使用，投资重点集中在基础性、关键技术开发和前瞻性等研究领域。第二，企业成为了科技投入主体。为鼓励企业的科技投入，进行了科研机构和科研管理的市场化改革，企业可以根据技术开发费用的 15% 抵扣年应纳税，还规定了科技管理费用的灵活使用，企业逐步成为了科学技术的研究和应用主体。2010 年，企业的科技资金投入为 192.7 亿元，占总的科技支出比重的 73%，其中，大型的企业科技经费投入大幅度增加，占总的科技支出比重的 47.3%。第三，拓展多方融资渠道。逐步改变了传统以公共财政为主的科技投入模式，形成了政府、企业、

---

[1] 张镧. 湖北省科技体制改革评价及展望 [J]. 科技进步与对策，2012(10).

社会等三方共同的科技投入模式。2010 年，社会其他资金投入科研经费为 9.5 亿元，占总的科技支出比重的 3.6%，国外投入资金为 0.9 亿元，占科技支出比重的 0.4%。

四、科技成果累累，科技创新能力明显提升

由于科技政策制定的科学性、合理性，有效的科技政策执行，以及广大科研部门和科技工作者的协同努力，湖北省科研成果硕果累累，科技创新能力明显提高。从基础研究看，生物学、光电信息、电子信息技术等取得新突破口，华工科技、楚天激光、安琪酵母等技术产业发展与壮大，"灰色系统理论""嵌入定理""华北及其邻区大陆地壳组成与壳幔交换动力学研究"等技术处于国际领先水平。从农业技术研究看，光敏感核不育系应用的杂交水稻产生，农业实现了增产与增收。利用油菜"波里马"不育系技术培育了双低油菜优质种子。转基因鱼的选育技术取得了重大进展。从工业技术科研成果看，网络及光通信技术达到了国际先进标准。"东风混合动力城市公交客车"和"混合动力轿车"顺利通过"863 计划"验收，华中科技大学、武汉理工大学、武汉邮科院、华工激光公司、武钢集团、安琪公司等科技机构开发了多项具有自主知识产权的新产品与新技术，产生了较好的经济效益和社会效益。从科技创新能力看，湖北省的实力居前。2009 年，湖北省获得国家科技计划项目经费资助 12.8 亿元，全国位居第四。获国家自然科学基金面上项目 3194 项，重点项目 92 项，杰出青年基金 43 项，重大研究计划项目 45 项，重大项目 3 项。其中获得面上项目经费资助 89964.8 万元，重点项目经费 15889 万元，挤入全国前四位，如表 4-4 所示。

表 4-4　2009 年各地获国家自然科学基金项目资助统计表

面上项目				重点项目			
排名	地区	项目	经费（万元）	排名	地区	项目	经费（万元）
1	北京	12013	350899.4	1	北京	642	111777
2	上海	5117	141194.5	2	上海	209	35200
3	江苏	3783	108911.8	3	江苏	131	22587
4	湖北	3194	89964.8	4	湖北	92	15889
5	广东	3020	85904.4	5	陕西	73	13107
6	浙江	2408	65507.2	6	广东	78	13036
7	陕西	2318	65458.2	7	浙江	66	11760
8	山东	1938	55554.5	8	安徽	58	10390

续表

面上项目				重点项目			
排名	地区	项目	经费（万元）	排名	地区	项目	经费（万元）
9	辽宁	1895	52469.7	9	天津	57	10054
10	四川	1549	44456.4	10	辽宁	50	8765

资料来源：国家自然科学基金委员会，基础研究问题专题研究报告，2010年。

五、科技论文与专利稳步增长

科研论文是科技研究成果的重要表现形式，也是科技工作者乐于采用的方式。改革开放以来，湖北省的论文产出数量稳步增长，发表被录入《科学引文索引》（SCI）和《科学技术会议录索引》的科研论文数量位居全国第四，如表4-5、图4-1所示。

表4-5　湖北省2005—2008年国内科技论文统计（单位：篇）

2005年	2006年	2007年	2008年	总计
22034	24457	26768	23958	97217

资料来源：中国科技论文统计结果（2006—2009年）。

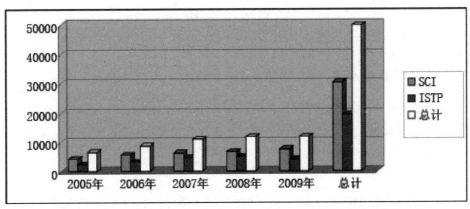

图4-1　湖北省2005—2009年科技论文被SCI、ISTP收录统计（单位：篇）
资料来源：检索SCI、ISTP数据库统计的结果。

专利技术是科技研究的又一项重要表现形式，它是衡量科技创新能力的主要指标，发明专利是基础研究的又一主要表现形式，它是衡量原始创新能力的重要指标。湖北省专利技术逐年增加，排名基本处于全国第9位，如图4-2所示。

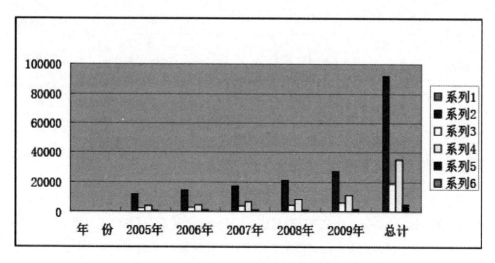

图 4-2 2005—2009 年专利申请和授权的情况

资料来源：湖北知识产权局年度统计报告。

第四节　科技政策失灵视角下湖北省科技人才发展的系统性分析

一、科技投入不足

从整体上看，湖北省科技投入不足，以 R&D 费用为例。湖北省 R&D 经费投入占 GDP 的比重偏低，与科技发达和经济发达省市有较大差距。传统行业和部门等科技投入较少，如表 4-6 所示。

表 4-6　全国各地区 2005—2008 年 R&D 经费支出的情况（单位：亿元）

排序	地区	2005 年	2006 年	2007 年	2008 年	总计
1	北京	382.1	433.0	505.4	550.3	1870.8
2	江苏	269.8	346.1	430.2	580.9	1627.0
3	广东	243.8	313.0	404.3	502.6	1463.7
4	山东	195.1	234.1	312.3	433.7	1175.2
5	上海	208.4	258.8	307.5	355.4	1130.1
6	浙江	163.3	224.0	281.6	344.6	1013.5
7	辽宁	124.7	135.8	165.4	190.1	616.0
8	四川	96.6	107.8	139.1	160.3	503.8

续表

排序	地区	2005 年	2006 年	2007 年	2008 年	总计
9	陕西	92.4	101.4	121.7	143.3	458.8
10	天津	72.6	95.2	114.7	155.7	438.2
11	湖北	75.0	94.4	111.3	149.0	429.7

资料来源：全国科技经费投入统计公报。

湖北省要充分发挥科技、教育和人才资源优势，提升区域科技创新能力，以新型工业化战略促进经济起飞，就必须发挥政府支持基础研究和共性技术研究开发活动的龙头作用，加大政府财政对投入的支持力度，建立完善多元化科技投入体系。[1]

二、科技人才的结构性矛盾突出

从科技人才的结构分布看，高新技术人才相对短缺，新能源、新技术等方面的科技人才不足。人才断档的事实不可回避，尤其是年龄偏大的高学历、高层次人才居多，中、青年数量较少，且有不断流失趋势。从事实用型科研的人员较少，从事教学、基础性科研的人员居多。从科技人才的发展结构看，区域和行业不平衡现象特别突出。近 60% 的科研人员、近 70% 的科技经费、近 60% 的科技信息聚集于武汉、襄樊两个地区，而人口、面积占绝对优势的其他县市，科技资源分配相对匮乏，这无疑大大制约了地方经济社会的发展。从科技人才的行业角度看，科技人才大部分集中在科研机构、高等院校和国有大中型企业等公共部门中，准公共部门、私人部门分布较为短缺。

三、科技人才的创新能力有待提高

目前，湖北省科技创新滞后经济社会发展，科技综合竞争力不强，缺乏特色的知识产权项目，高科技发展缓慢是不容回避的问题，也是未来湖北省科技政策和科技人才政策需进行资源价值性调配的重点。根据《2009 全国及各地区科技进步统计监测结果》显示，它把全国省、市等区域的科技竞争力分为 5 个层次，以综合科技进步水平指数为全国平均水平，以此为分类标准，湖北被列入第三个层次。第一类

---

[1]　李永周，马军伟. 构建湖北科技投融资体系的战略思考 [J]. 统计与决策，2006（9）.

是得分高于 60% 的地区，有上海、北京、天津和广东等。第二类是得分低于 60% 的地区，但高于全国平均水平的地区，有江苏和辽宁等。第三类是得分低于全国平均水平，但高于 40% 的地区，有浙江、陕西、湖北、山东等 16 个省市。

　　湖北省是全国教育大省，论文数量逐年增长，但是论文质量和影响力较弱，和教育强省相比，差距依然未能得到根本扭转，如图 4-3、表 4-7 所示。

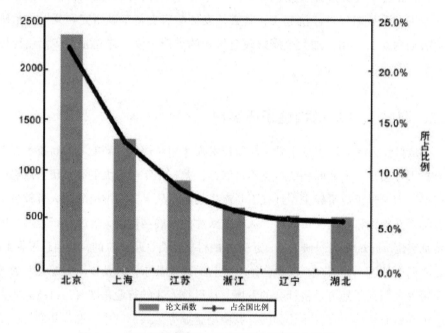

图 4-3　湖北与国内先进地区高质量 SCI 论文比较
资料来源：教育部学位与研究生教育发展中心。

表 4-7　全国优秀博士论文的地区分布（单位：篇）

	2005 年	2006 年	2007 年	2008 年	2009 年	合计
北京	26	30	28	24	28	136
上海	10	15	12	12	14	63
江苏	8	4	5	6	8	31
陕西	5	4	5	4	4	22
湖南	6	2	2	6	3	19
湖北	4	3	3	3	6	19
安徽	4	5	1	5	2	17
浙江	2	4	3	4	2	15
四川	2	3	3	2	3	13
天津	3	2	1	3	3	12

续表

	2005 年	2006 年	2007 年	2008 年	2009 年	合计
广东	0	2	3	4	3	12
吉林	1	3	2	3	2	11
黑龙江	1	2	3	2	2	10
辽宁	3	1	2	2	1	9
山东	2	0	3	0	2	7
重庆	1	3	0	2	1	7
甘肃	0	1	0	2	2	5
云南	1	1	1	0	0	3
河南	0	1	0	1	0	2
河北	0	0	1	0	0	1
山西	0	0	0	1	0	1

资料来源：教育部学位与研究生教育发展中心。

从科技政策对女性科技人才发展激励情况看，湖北省女性科技人才在发展中非均衡性和差异性问题并存，连续与断裂的特征较为明显，本书将在第五章进行系统性的分析。

第五章　连续与断裂：湖北女性科技人才发展之系统分析

第一节　理论引介

一、科技人才的内涵

　　不同的经济、社会与文化条件下反映出的科技人才内涵不尽一致。目前，政策与法规、学者对科技人才没有统一和规范的界定。对科技人才的界定大致有如下几种观点：《人才学辞典》（1989）认为科技人才是指在科学技术劳动中，通过自身的辛勤劳动、灵动的创造力和执着的探索精神，对科学技术发展以及人类进步做出重大贡献的人。左琳、郑智贞等认为科技人才是在自然科学领域直接从事科研、应用生产和教育的群体，主要包括来自然科学领域中各类科研人员、工程技术人员、卫生技术人员、教学人员以及企事业组织中的专业技术人员。汪群、汪应洛等认为科技人才是指具备专业知识和技能，并且在科技的发明、传播和应用等环节做出过积极贡献的劳动者。《国家中长期科学和技术发展规划》（2006）中把科技人才定义为"从事或有潜力从事科技活动，有知识、有能力，能够进行创造性劳动，并在创造活动中做出贡献的人员"。

　　从以上对科技人才含义的界定可以看出，科技人才概念的动态性较强，不同时代、不同社会发展特征决定着其有不同表现。因此，科学把握科技人才内涵需要从具体的历史环境出发，其内涵要体现时代的实践性、开放性，从实践和广义角度去把握科技人才的内涵，才能更好地满足在社会发展阶段中对于不同层次的科技人才的需求，有效开发科技人力资源。

由于科技人才具有自我驱动力与独创性，又具有相当的社会需求性，本书认为科技人才是指从事系统性科学研究和技术发展，并且在创造、传播、应用和推广等阶段中做出贡献的人力资源。由各类科技活动人员、R&D人员、专业技术人员、科学家和工程师等组成。其中，专业技术人员特指具有初级以上职称或具有中专以上学历的人员，专业技术人员数量庞大，社会面广，是科技人才的基础部分。科技活动人员主要是从事科研服务活动的人员，包括各类科研管理人员、活动人员和科技服务人员，虽然这类人员不直接从事科研工作，但他们的管理水平和服务质量决定了科研活动效能，从数量上看，他们成为了科技人才的主要构成。R&D人员是指直接进行科技研究和开发的人员，按照国家惯例，科学家和工程师是一个国际通用的用来反映科技人力资源质量的核心指标，因此，R&D人员成为科技人才中的关键部分。

二、整体效应理论

整体效应理论是在分析问题时，主张事物整体与系统功能和属性不仅取决于个体的单独功能和属性相加，更主要取决于由单个要素或单位组成集合体的功能和属性，最终会出现"$1+1 \neq 2$"的整体效应。原因在于：其一，系统结构内容组合要素。系统内部组成中，单个系统或要素在相对条件下和其他个体存在一定联系，系统不会出现孤立部分。第二，系统的潜在价值影响。系统中单个部分都有相当的物质、能量、信息等资源，能和其他要素或系统组成积极的潜在价值，进而保障个体优质收益的情况下发挥"整体效应"的最优化，出现"$1+1>2$"的整体效应。

三、梯度推移理论

梯度是一个力学概念，起初是用来表示事物在自然界空间不均衡分布的现象，后来用来描述人类社会发展中的资源呈现规律性递减或递增的不均衡的现象。社会发展存在梯度分布，就会导致发展的差异性。当事物发展处于创新或发展的阶段中，就会带来增长或上升正向发展，该事物就属于高梯度地区，反之则是低梯度地区。梯度推移是通过极化效应、扩散效应、回流效应三种形式体现出来的。极化效应是使优势资源向高梯度区聚集，长期形成不可回转的高梯度。扩散效应则和极化效应相反，是通过资源向低梯度流动，促进发展，抑制发展的差异性，实现均衡发展状态。回流效应是由于经济要素或非经济要素阻碍资源扩展，它会抑制低梯度区域的发展，导致梯度差异扩大和发展不平衡问题。梯度转移理论认为发展是不平衡的，而且这种不平衡是发展中必须经历的空间表现，随着生产力发展、时间的推移和经济要素的扩散，这种不平衡最终必然会出现在空间上均衡的发展。

从社会制度和社会发展看，梯度转移理论能有效解释发展中地区、行业等梯度层次性问题，最终实现均衡—非均衡—新均衡的目标，这为本书研究女性科技人才在不同性质部门、行业分布展开研究提供了可靠的理论来源。

四、人才需求理论

（一）ERG 理论

美国学者克莱顿·爱尔德佛在马斯洛的需求层次理论基础上，提出了个体的三大核心需要的 ERG 理论：生存需要（existence）、联系需要（relatedness）、成长需要（growth）。生存需要（existence）是指个体发展所必要的物质与生理欲望的需求，类似于需求层次理论中的生理和安全需要。联系需要（relatedness）是指个体与社会其他成员的相互联系，以及由此产生的思想和感情共鸣，类似于需要层次理论中的社交和尊重需求。成长需要（growth）是指个体发展中的内在层面的需求，类似于需求层次理论中的部分自尊需求和自我实现需求。

ERG 理论还内含着挫折—倒退的思想，与马斯洛需求层次理论中认为个体需求呈现出由低到高不可逆性分析相反，ERG 理论认为如果个体在更高层次的需求不能满足时，他会有强烈的更低层次的需求愿望，直至低层需求得到满足。

（二）麦克利兰的需要理论

哈佛大学教授麦克利兰从社会动机出发来研究人的需要，该理论认为人的需求包括成就需要、权力需要和亲和需要。成就需要是成功后带来最好满足的需要。权力需要是影响、控制他人，而且自己不受控制的需要。亲和需求是通过密切交往，形成良好人际关系的需求。

麦克利兰认为，有强烈需要的人得到成功与满足后，他们会努力拼搏，刻苦工作，并且千方百计地排除困难，最后非常享受成功带来的名誉、心理的满足，他们并不刻意追求物质需求。有权力需要的人为了更好地支配他人，会利用法定的职位权力、地位和自我影响力，在一些具有竞争性和高权力聚焦的场合，对他人"发号施令"，争取笼络人心，提高他们的影响和控制力。亲和需要是指通过交往而被人理解、喜爱和接受的需要。亲和需要的实现需要与人真诚地交往，使人快乐，带来自我满足，亲和需要的实现需要有友情，合作而不是竞争，沟通而不是封闭，理解而不是排斥。当然亲和需要有时也会表现出对破裂关系的恐惧和对激烈冲突的人际关系的回避。

（三）社会关系网络理论

西方学者开展社会关系网络的研究始于 20 世纪 70 年代，美国学者加福特利用了社会关系网络对职业影响进行了学术研究，成了社会关系网络理论研究的先驱。社会关系网络理论研究成就最大的当属林南和边燕杰。

林南于 1982 年提出了社会资本理论，社会资本理论认为社会关系网络主要由物质财富、社会影响力、权力和社会关系网络组成。在一个权力等级社会结构中，相同社会资本和阶层的人由于拥有资源相似性，他们很容易发生互惠的交换，出现"强关系"，而不同社会资本的人由于他们社会资本的差异性和不均等性，他们会出现"弱关系"，难以交换和形成互惠关系。当然，如果是在追求工具实用性的目标通道中，"弱关系"会给社会资本较低的人链接到社会资本较高的阶层提供便利与可能，从而让社会资本较低的人获得更多的社会资本。

边燕杰于 1997 年对中国天津的就业调研中认为，在中国，求职者不是收集工作信息，而是通过社会关系网络影响有工作分配权的主管决策而获得工作，影响主管在工作计划与分配中的决策权。与林南的"弱关系"思想不同，边燕杰提出了"强关系假设"思想：在中国天津，主要是通过人情照顾以实现工具性（获得工作）的价值目标，而不是利用社会关系中的信息工具实现价值目标。2001 年，边燕杰等又通过对转型期中国社会关系网络对于职业影响的限度进行研究，提出了四种理论假设：市场化假设、权力维续假设、机制共存假设及体制洞假设。

第二节　科技政策收益视角下湖北女性科技人才发展的宏观整体性分析

女性科技人才是我国人才结构中的重要战略资源，作为社会发展的关键性资源和平衡器始终发挥着独特作用。关爱和发展女性科技人才维系着科学技术发展和推动科技创新，有利于实现性别公正、性别和谐，引领社会文明进步。如前所述，改革开放以来，湖北省通过实施"科技兴鄂""建设创新型湖北"战略规划，制定了许多的科技政策，培育了一支优质的女性科技人才队伍。因为专业技术人员数量庞大，社会影响面广，可以将她们视为科技人才的基础和主体部分，在此着重以专业技术人员为视角分析湖北省女性科技人才整体发展情况。

一、数量明显上升

《中国劳动统计年鉴》（2008年）中数据显示：2007年，湖北省女性专业技术人员为575364人，位居全国第10位，排在前列的是一些经济发达或人口基数大的省、直辖市，分别为广东、山东、河南、江苏、河北、北京、四川、辽宁、浙江。2000—2007年，湖北省女性专业技术人员快速增长，总人数从44100上升到575364，全国的排名稳中有升，从第12位到第10位。与此同时，湖北省专业技术人员发展却处于停滞状态，2007年与2004年的人数相比，甚至出现了负增长，全国排名稳定在第8位，如表5-1所示。

表5-1　湖北省女性专业技术人员发展的情况

时间	总数（人）	女性总数（人）	女性占比（%）	女性人数在全国排位
2000年	1192000	441000	36.9	12
2004年	1488122	571600	38.4	9
2007年	1472367	575364	39.1	10

资料来源：《中国劳动统计年鉴》（2001年）、《中国劳动统计年鉴》（2004年）、《中国劳动统计年鉴》（2007年）。

从中部各省女性专业技术人员情况看，湖北省的发展情况相对较好，许多指标都名列中部各省前列，如表5-2所示。

表 5-2 中部各省女性专业技术人员的情况

中部各省	年份	总数（人）	女性总数（人）	女性占比（%）	女性人数在全国排位
河南省	2000	1844000	762000	41.30	3
	2007	2060475	917954	44.55	3
湖北省	2000	1192000	441000	36.90	12
	2007	1472367	575364	39.08	10
湖南省	2000	1304000	528000	40.49	9
	2007	1273100	520049	40.85	11
山西省	2000	878000	414000	47.15	11
	2007	1037593	500940	48.28	13
安徽省	2000	1070000	377000	35.20	19
	2007	1019581	374168	36.70	19
江西省	2000	838000	313000	37.35	22
	2007	850344	333532	39.22	25

资料来源：《中国劳动统计年鉴》（2001 年）和《中国劳动统计年鉴》（2008 年）。

从中部各省排名来看，湖北省女性专业技术人员 2007 年在全国的排名从第 12 位上升到第 10 位，位居中部第二，位居河南省之后，但河南省是人口大省，2007 年，河南省总人数 9869 万，而湖北省才 6070 万，山西省、江西省和湖南省的全国排名出现下滑，河南省、安徽省排名持平，只有湖北省排名上升了两位。从增长速度看，2000—2007 年，湖北省女性专业技术人员增长率为 30.47%，山西省为 21%，河南省为 20.47%，江西省为 6.56%，安徽省为 -0.75%，湖南省为 -1.51%。从女性专业技术人员占专业技术人员的比例看，湖北省的比例达到了 2.18%，名列中部第二，相同指标，河南为 3.25%，江西为 1.87%，安徽为 1.5%，山西为 1.13%，湖南为 0.36%。

从以上分析可以看出，湖北省女性专业技术人员取得较快发展，数量明显增加，增加的比率显著提升，在人才强国战略中发挥了战略的作用，为经济发展和社会进步提供了有效支撑，对提升女性的社会地位、彰显社会主义制度的优越性和活力有示范价值。[1]

---

[1] 肖军飞. 我国女性专业技术人员发展结构性研究——兼以湖北省为例 [J]. 黑河学院学报，2011(4).

二、竞争力显著提升

随着"男女平等"基本国策持续推进和"科技兴国""科技兴鄂""建设新型社会""建设新型湖北"等科技战略有效推行,湖北省女性科技人才的竞争力得到了显著提高。

从女性科技人才的学历看,结合问卷调查和深度访谈情况发现,女性科技人才发展的最关键要素是受教育情况。根据湖北省科技厅、教育厅、农业厅、卫生厅等公共部门调查结果显示,女性科技人员具有本科学历的比例达到34%,具有硕士学位的比例达29%,博士学位的比例达20%,说明湖北省女性科技人才在竞争质量上有了显著的上升,充分显示了湖北省女性科技人才巨大的开发潜力,如图5-1所示。

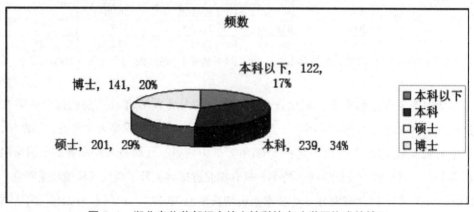

图 5-1 湖北省公共部门中的女性科技人才学历构成的情况

从女性科技人才获得基础研究计划的资助情况看,根据湖北省科技厅、教育厅、农业厅、卫生厅等调查和统计数据显示,2009年,获得科技计划项目经费达到2.36亿元,其中,争取科技部的科研经费较2008年增长38.4%,获得国家自然科学基金资助216项,比2008年增长29.5%,获得"973计划""重大科学研究计划"等5个项目。

从女性科技人才参与重大科技专项项目看,根据湖北省科技厅、教育厅、农业厅、卫生厅等调查和统计数据显示,截至2009年底,女性参与了6个国家重大专项项目,主持了全省科技重大专项项目12个,获得总计4.3亿元的科研经费资助。

三、高层次女性科技人才崭露头角

从目前看，湖北省高层次女性科技人才崭露头角。截至2009年，除了女性院士没有席位之外，其他如"973计划""千人计划""863计划""百人计划""国家科技支撑计划""长江学者""国家自然科学奖""国家科技进步奖""国家技术发明奖""享受国务院特殊津贴""新世纪优秀人才支持计划"等国家层面的高科技人才和"楚天学者""湖北省政府津贴的专家""突出贡献的优秀专家"等湖北省的高科技人才项目均出现了女性的身影，在高科技研究和科技决策中已经有了女性的身影和一定的话语权。更为可喜的是，在湖北省长江学者中女性的比例达到5.21%，高出全国水平的5.1%，如表5-3所示。

表5-3　2010年湖北省高层次女性科技人才分布表

人才类型		总人数	女性人数	女性占比（%）
两院院士		58	0	0
千人计划		35	1	2.86
百人计划		64	4	6.25
长江学者		96	5	5.21
楚天学者		241	19	7.88
新世纪优秀人才支持计划		329	45	13.68
973计划		24	1	4.17
863计划		30	0	0
享受国务院特殊津贴		147	12	8.16
享受湖北省政府津贴		503	48	9.54
湖北突出贡献的优秀专家		308	33	10.71
国家科技奖励（2005—2008）	国家自然科学奖	51	1	1.96
	国家科技进步奖	151	9	5.96
	国家技术发明奖	9	1	11.11

资料来源：根据国家科学技术部、湖北省科学技术厅以及各类官方数据统计的结果。

第三节　科技政策失灵视角下湖北女性科技人才发展的宏观整体性分析

一、总体数量相对不足

从《中国劳动统计年鉴》（2008 年）的数据看，2007 年，湖北省女性专业技术人员为 575364 人，全国排名第 10 位。按照国际惯例，测定科技人才指数最普通的指标是每万人科技人才数，湖北省万人女性专技人员该项指标和中部、东部等地区相比，情况却不容乐观（如表 5-4 所示）。

表 5-4　中部省份每万人中女性专业技术人员数量的情况对比

省份	年份	女性专技人员总数	女性专技人数的全国排名	万人女性专技人数	万人女性专技人数的全国排名
山西	2007	500940	13	147.6	6
湖北	2007	575364	10	101.0	19
河南	2007	917954	3	98.1	20
湖南	2007	520049	11	81.8	26
江西	2007	333532	25	76.4	28
安徽	2007	374168	19	61.2	31

资料来源：《中国劳动统计年鉴》（2005 年）、《中国统计年鉴》（2005 年）、《中国劳动统计年鉴》（2008 年）和《中国统计年鉴》（2008 年）相关数据统计的结果。

从表 5-4 看，2007 年，湖北省万人女性专技人员数量为 101 人，居于中部第二，但在全国排名相对靠后，排名 19 位，按照《2009 全国及各地区科技进步统计监测结果》标准被归入第三等级。这和湖北省作为"中部崛起"的核心和中国高等教育第三大省地位不尽相符。与其他地区对比看，2007 年，万人女性专技人员数量最多的是北京 420.56 人，第二位是天津 203.77 人，第三位是上海 180.62 人，湖北省仅为 101 人。部分西部的省、自治区该项指标也远远超过了湖北，新疆万人女性专业技术人员为 178.35 人，宁夏为 127.62 人，青海为 118.16 人。

二、明显缺乏性别敏感度的科技人才政策

湖北省科技、教育、农业、卫生等公共部门先后出台了很多科技政策和科技人才政策，为科技人才发展提供了可靠的制度保障。但这些科技政策和科技人才政策明显缺乏性别敏感度。本次收集到的公共部门的科技政策和科技人才政策中，湖北省科技厅的政策：《湖北省自然科学基金计划项目管理办法》（2001 年）、《湖北省科技评估管理暂行办法》（2001 年）、《湖北省资助优秀中青年科技工作者出国参加国际科技会议管理办法（暂行）》（2003 年）、《湖北省科学技术奖励办法实施细则》（2005 年）。湖北省教育厅的政策：《湖北省高等学校优秀中青年科技创新团队管理试行办法》（2004 年）、《湖北省教育厅关于增强高等学校自主创新能力　服务湖北经济社会发展的若干意见》（2007 年）。湖北省农业厅的政策：《全省实用人才队伍建设专题研究工作方案》（2008 年）。湖北省卫生厅的政策：《湖北省卫生厅科研基金项目管理办法》（2004 年）、《湖北省卫生厅青年科技人才基金管理办法》（2004 年）、《湖北省卫生厅科技成果鉴定管理办法》（2004 年）、《湖北省卫生厅重点实验室管理办法》（2004 年）等。这些科技政策都是以性别中立的价值取向而进行制度设计的，缺乏性别维度。在科技领域，许多科技人才政策是根据男性标准制定，性别差异导致科技成果产出大相径庭。在职称评定、提拔、资源分配等机制中，与男性相比，由于家庭劳务女性化、女性生育重担和社会机会男性化等原因，女性事业冲刺冒尖的年龄段要晚于男性。因此，她们往往容易错过黄金发展机会，在学术威望、科技资源、科技成果等资源配置方面得不到政策扶植，女性成长受到较大阻碍，付出的成本比男性更多，导致科技领域中性别的"马太效应"现象越发显著。

三、科研环境系统有待改善

女性科技人才发展需要良好的科研环境，只有在良好的科研环境下，她们的原始创新能力才能充分发挥和体现，生产出高质量的原始科研成果。目前女性科技人才所处的科研环境存在着一定的问题。首先，思想认识不足，许多女性科技人员对国家科技政策的思想认识不足，而部分领导又对政策要求给予女性必要的财、物和人文关怀等特殊性保障规定未有足够重视。其次，一些女性科技人才由于家庭负担、社会舆论和组织文化等原因，科研氛围不浓厚，缺乏潜心钻研、甘

于寂寞的科研精神。再次，科研不负责行为时常存在。她们多负责低层次的科研工作，而能承担的具有系统性、深入性、关联性和重大影响的高层次项目不多。甚至存在科研成果被剽窃、抄袭等道德问题。最后，评价机制不完善。由于"男强女弱""男尊女卑"等思想存在，使得一些女性科技工作者一开始就很容易把自己定位为"屋里人"，认为自己主要应从事一些与科研相关的办公、信息等辅助性和服务性工作，至于"科技人"应为男性的角色。从科研评价系统看，评价指标体系缺乏性别敏感度，直接评估方法多，长远性的评估较少，缺乏对女性科技工作者的工作进行科学而全面的评价。

四、高层次女性科技人才缺乏

2007年，中科院撰写的《我国女性从事科技工作现状》研究报告对我国女性科技人才发展进行了系统研究。报告指出，我国的女性占总人口数的比例为48.37%，女性科技人员占总科技人员比例约为35%，男性比例约为65%，我国最高层次水平的科技人才群体中女性现状更加不容乐观，以两院院士为例，女性仅93人，比例为5.01%，性别差异非常显著。从湖北省看，高层次女性科技人才的数量和质量堪忧。女性除了"长江学者奖励计划"外，其他比例都低于全国平均水平。从两院院士看，2009年，湖北省两院院士共有61人，无一女性。从全国1955—2007年当选的两院院士看，女性院士的比例为5.01%，中国科学院的女性院士有51人，约占总数的4.61%，工程院的女性院士有42人，约占总数的5.36%。按地区来看，排在前三位的是：上海18位女院士、江苏13位女院士、北京8位女院士。从其他国家级高层次人才的计划来看，湖北省大体处于全国的中下游水平，湖北省利用"百人计划"引进女性科技人员约占总数的6.25%，低于全国平均水平的0.65%。湖北省利用"973"计划引进女性首席科学家约占总数的4.17%，低于全国平均水平的0.43%。湖北省在国家杰出青年科学基金的得奖者中的女性约占总数的5.41%，低于全国平均水平的0.59%。

五、整体创新能力和水平较低

从湖北省的科技、教育、农业、卫生等公共部门调研数据看，女性科技人才整体创新能力和水平较低。女性科技人才的知识创新力相对低下，具有自主产权的科研成果偏少，可持续发展能力不强。

　　截至 2009 年，湖北省专利授权总量数为 60313 件，其中发明专利授权占总授权量的 12.55%，根据科技、农业两部门的资料数据统计，有发明专利权的女性人数仅占专利授权总数的 2.23%。在具有重要原始创新性的高质量论文中，女性作者少之又少。湖北与国内先进地区高质量 SCI 论文比较如图 5-2 所示。

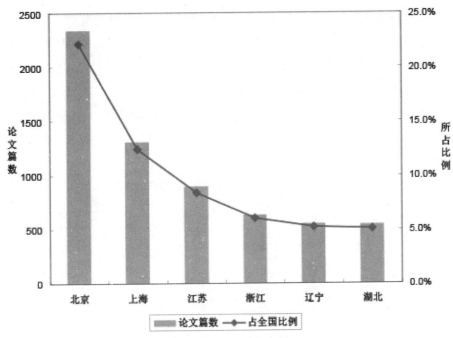

图 5-2　湖北与国内先进地区高质量 SCI 论文比较

　　从教育部学位与研究生教育发展中心公布的近 3 年全国优秀博士论文看，湖北省共 14 篇优秀博士论文，其中 2011 年 4 篇，2010 年 6 篇，2009 年 4 篇，总数位居全国第 6 位，但是其中没有一篇优秀博士论文的作者为女性。这充分说了女性科技人才特别是高层次女性科技人才的储备力量不足，可持续发展能力不强，整体创新能力和水平较低。

第四节　科技政策收益视角下湖北女性科技人才发展的中观结构性分析

一、女性科技人才队伍聚集于教育领域

从《中国劳动统计年鉴》（2008年）中的数据看，女性科技人才队伍聚集于教育领域现象日趋显著。从2004年到2007年，湖北省教育部门的女性专业技术人员增长速度高达6.34%，增加了12953人，同期的专业技术人员增长率才0.66%。2007年，湖北省的女性专技人员总人数为575364，教育领域人数为217255，占总数的37.76%，2004年，湖北省的女性专技人员占总数比例的35.742%。这都充分说明了女性科技人才主要聚集于教育领域，而且有进一步加大和固化的趋势（如表5-5所示）。

表5-5　女性专技人员行业前三位分布的情况

年份		行业		
		教育	卫生、社会保障和社会福利业	制造业
2004	人数（人）	204302	110014	18458
	占总数（%）	35.742	19.247	3.229
2007	人数（人）	217255	118710	21582
	占总数（%）	37.760	20.632	3.751

资料来源：《中国劳动统计年鉴》（2005年）、《中国统计年鉴》（2008年）中的统计数据。

从2009—2011年我国优秀博士论文作者的所在单位来看，全省的14篇优秀博士论文作者的单位全部为高等院校，其中华中科技大学5篇，武汉大学3篇，华中农业大学3篇，中国地质大学2篇，华中师范大学1篇。

另一方面，经济发展阶段对女性专业技术人员报酬影响较大。在经济发展初期，公共部门的规模报酬完全显现，此时这类人力资本流向以公共权力为主导的部门。当进入规模经济时公共部门反而表现出不规模经济现象，此时一些社会新兴行业部门以灵活的人事机制和良好的激励机制，吸引了各类人才，这时的女性专业技术人

员的扩散和转移就会发生。[1]

二、国有单位领域为主要聚集地的女性科技人才队伍

从组织构成要素看，权力是组织合法性和运行的基础，在公共部门人力资源配置中，以公共权力为基础的政府组织和准政府组织，凭借其优越的公共财政和强势的社会影响，吸引了社会中大部分优秀的女性专业技术人员。根据《中国劳动统计年鉴》（2008年）相关数据分析，如图5-3所示。

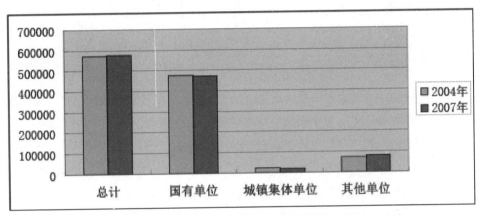

图5-3　女性专业技术人员按单位性质分布的情况（单位：人）

资料来源：《中国劳动统计年鉴》（2005年）和《中国劳动统计年鉴》（2008年）中的统计数据。

截至2007年末，湖北省女性专业技术人员为575364人，其中，国有单位有474636人，城镇集体单位有18068人，其他单位有82660人，占专业技术人员总数比例分别为82.49%、3.14%和14.37%。当然，这种趋势有弱化的迹象，2007年和2004年相比，女性专业技术人员增长率达0.66%，而国有单位的增长率为 −0.35%，相反，其他类型单位增长率达到了14.33%。

---

[1]　肖军飞. 制度的困境：中国女性专业技术人员的问题分析［J］. 湘南学院学报，2012(1).

三、女性科技人才队伍整体年轻化

根据对湖北省公共部门的抽样调查，女性科技人才队伍日趋年轻化，集中于 31~40 岁，占调查对象的 37.0%。第二集中的年龄段是 30 岁以下和 41~50 岁。其中 30 岁以下的比例为 32.2%，41~50 岁的比例为 23.7%。50 岁以上的比例为 32.2%，如表 5-6 所示。

表 5-6　2010 年湖北省女性科技人才年龄分布表

年龄状况	频数	所占百分比（%）
30 岁以下	227	32.2
31~40 岁	261	37.0
41~50 岁	167	23.7
50 岁以上	51	7.2

通过分析表 5-6 的数据可以得出如下结论：首先，女性科技人才队伍整体年轻化的格局基本形成，中、青年构成了女性科技人才的主体，她们在科研工作中表现出了足够的生机与活力。其次，"80 后"的大学生成了女性科技人才的新生力量。她们既有 20 世纪六七十年代的女性传统美德、无私奉献和刻苦科研的精神，作为改革开放的新生代，她们又有新思维、新视野和新价值观，彰显了新时代的气息。最后，女性科技人才队伍年龄构成呈现了菱形的正态分布，中间年龄段大，两头较小，这比较符合现代人力资源开发中年龄优化的组建要求。

第五节　科技政策失灵视角下湖北女性科技人才发展的中观结构性分析

一、行业分布不均

行业报酬具有权力递增的规律，因此，政府组织、非政府组织成了女性专业技术人员主要分布领域。[1] 从组织性质看，有 82.49% 的女性专业技术人员分布在国有单位，而具备了经济信息优势和灵活人才机制的其他单位，理应聚集更多的人才，

---

[1]　肖军飞. 我国女性专业技术人员发展的结构性研究 [J]. 文教资料，2011(10).

实际上这些单位却只拥有了 14.37% 的女性专业技术人员，这大大影响了科研的成果产出和推广。从分布的行业看，有 68.72% 的女性专业技术人员分布在教育、卫生、社会保障和社会福利、制造业等行业中，条件相对艰苦的采矿、农、林、牧、渔业等行业中女性专业技术人员分布比例仅为 1.63%，信息传输、计算机服务和软件业等现代新兴的信息产业中女性专业技术人员分布比例不足 1%，而分布在社会民生的居民服务和其他服务业的女性专业技术人员最少，仅占 0.15%，几乎没有多少女性专业技术人员愿意从事此类工作。

当然这种行业比较优势很大程度上取决于经济发展状况，当经济进入规模经济和市场经济体系健全时，公共部门反而表现为不规模经济，公共部门报酬激励反而没有其他部门优越，一些社会新兴行业部门以其灵活的人事机制和良好的激励机制，吸引了大批人才，这时，女性专业技术人员的扩散和转移现象就会发生。从行业分布看，与 2004 年相比，2007 年湖北省专业技术人员分布在金融业、房地产业人数分别为 63956、13051，增长的人数分别为 38196、9192，增长率分别为 148.23%、238.2%，分布在科学研究、技术服务和地质勘查业的人数从 15530 猛增到了 51754，增长了 233.25%。这进一步说明市场经济建立、社会就业观念变化使得女性专业技术人员更多向与人们生活质量和社会发展关系紧密的行业聚集。

二、性别发展中的失衡

男性和女性专业技术人员共同构成了我国专业技术人员群体，共同推动了科技研究、应用和社会文明与进步。进入 21 世纪以来，我国的女性专业技术人员发展取得了长足进步。2000—2004 年，女性专业技术人员总人数从 12728000 增加到13640952，增加人数为 912952，增长率为 7.17%；2004—2007 年，女性专业技术人员总人数达到了 1443547，增加了 794520，增长率为 5.82%。而男性专业技术人员从2000 年到 2004 年，增加人数为 15615，增长率仅为 0.09%；2004—2007 年，男性专业技术人员增加了 814487，增长率为 4.53%。同期的男性专业技术人员增加人数和增长率都低于女性专业技术人员。2007 年，从行业分布性质看，77.91% 的女性专业技术人员分布在国有单位，4.56% 的女性专业技术人员分布在城镇单位，17.53% 的女性专业技术人员分布在其他单位。同期，72.05% 的专业技术人员分布在国有单位，4.78% 的专业技术人员分布在城镇单位，23.53% 的专业技术人员分布在其他单位。

这样的分布特点更加符合女性的心理特征和社会需要。从地区分布看，全国 31 个省级行政区中，除了吉林、黑龙江、辽宁、湖南外，有 27 个地区都快速发展。增长率排在前五位的分别是江苏 25.54%，浙江 20.56%，重庆 18.96%，西藏 17.89%，云南 12.40%，尤其是西部发展迅速，12 个省级行政区都实现正增长，平均增长率为 8.50%。

与男性相比，女性专业技术人员在发展速度、分布领域和行业方面有一定优势，但是从整体来看，女性专业技术人才开发仍处于弱势地位和边缘化状态。以 2007 年数据为分析参照，从总数看，全国为 33139574 人，女性为 14435472 人，占总数的 43.56%。从分布行业性质看，国有单位的女性人数为 11245983，占总数比例为 35.12%；集体单位女性人数为 658796，占总数比例为 41.68%。从行业领域看，女性专业技术人员大部分分布在一些服务行业，而一些公共权力部门和技术类部门中女性分布较少。2007 年，在公共管理和社会组织中，专业技术人员总人数为 1487926，女性为 557687，男性为 930239，女性占的比例为 37.48%。在科学研究、技术服务和地质勘查业中，总人数为 1238050，女性为 404947，男性为 833103，女性的比例仅为 32.71%。而在卫生、社会保障和社会福利业中，全国总人数为 3876409，女性人数为 2479651，男性为 1396758，女性所占比例达到 63.97%。从全国各地区看，2004—2007 年，部分地区女性专业技术人员还出现了负增长现象，分别是：吉林增长率为 –6.79%，黑龙江为 –5%，辽宁为 –3.80%，湖南为 –2.85%。

总之，21 世纪以来，湖北省女性科技人才得到较大发展，这有利于推动科技研究、科研成果应用和社会文明进步。据统计分析的结果，湖北省的教育、农业等公共部门的女性科技人才分布情况如表 5–7、表 5–8 所示。

表 5–7　教育领域女性科技人才分布的情况

年份	2004 年	2005 年	2006 年	2007 年	2008 年
总人数	40473	41631	41227	41626	43584
女性人数	16924	17139	17830	17890	18600
女性占比（%）	41.82	41.17	43.25	42.98	42.68

资料来源：《湖北教育年鉴》（2005—2009 年）中的统计数据。

表 5-8　农业领域女性农业技术人员分布的情况

年份	2003 年	2004 年	2005 年	2006 年	2007 年
总人数	32927	36315	33464	29068	24333
女性人数	10422	8462	6746	6915	5496
女性占比（%）	34.65	23.30	20.16	23.79	22.59

资料来源：《中国劳动统计年鉴》（2004—2007 年）和《中国统计年鉴》（2008 年）中的统计数据。

根据《湖北卫生年鉴》（2009 年）数据显示，在卫生领域，2008 年湖北省专业技术人员总人数为 235664，女性有 166920，占据比例为 70.83%，在卫生领域中，女性专业技术人员的人数优势特别突出。

尽管湖北省的女性科技人才数量在特定领域、行业快速增长，甚至超过了男性，这种优势主要体现在数量上。但总体看来，与男性相比，女性科技人才仍然处于弱势地位和边缘化状态，科技人才的男性主导地位仍然是主流，如表 5-9 所示。

表 5-9　男女专业技术人员总数对比的情况

年份	专技人员总数	男性	女性	男性所占百分比	女性所占百分比
2003 年	1320390	784511	535879	59.41%	40.59%
2007 年	1472367	897003	575364	60.92%	39.08%

资料来源：《中国劳动统计年鉴》（2004 年）、《中国劳动统计年鉴》（2008 年）中的统计数据。

表 5-10　男女专业技术人员按单位性质分布的情况

年份	男性（%）			女性（%）		
	国有单位	城镇集体单位	其他单位	国有单位	城镇集体单位	其他单位
2003 年	80.72	5.18	14.1	85.89	4.19	9.92
2007 年	73.73	4.29	21.98	82.49	3.14	14.37

资料来源：《中国劳动统计年鉴》（2004 年）、《中国劳动统计年鉴》（2008 年）中的统计数据。

从总数对比，2003 年女性所占专业技术人员的比例为 40.59%；2007 年比例下降为 39.08%。如表 5-10 所示，从专业技术人员单位性质分布情况看，男女性专业技术人员较集中在国有单位，2007 年男性的比例为 73.73%，女性比例维持在 82.49% 的高位。在其他单位分布中，男性的比例达到了 21.98%，这说明了部分男性专业技术人员已由传统的公共部门流向具有市场特征的其他部门，男性专业技术人员表现出了更多的适应力。从其他核心竞争力的指标看，男性更具有主导的话语权。为此，在调查之中专门选取从在数量上具有优势的卫生领域女性科技人员来研究性别差异性和不平等质性问题。

表 5-11　2000—2009 年卫生领域中获得奖励的男女差异性情况（单位：人）

性别	国家荣誉						享受政策	
	"白求恩奖章"	"全国卫生系统先进工作者"	"有突出贡献的中青年专家"	"中国医师奖"	"抗震救灾医药卫生先进个人"	"全国丝虫病防治先进个人"	国务院特殊津贴	湖北省政府津贴
男	2	16	9	15	23	47	5	14
女	0	7	1	4	1	3	0	1

资料来源：根据湖北省卫生厅相关奖励材料统计的结果。

从表 5-11 可以看出，2000—2009 年，湖北省卫生系统共获得 128 人次的国家级奖励，女性获 16 次奖励，占总比例的 12.05%，象征卫生荣誉的最高级别的"白求恩奖章"和国务院特殊津贴则无一女性。湖北省政府津贴中女性仅为 1 人次，比例仅为 5%。表明即使在卫生系统中，有 70.83% 人员为女性专业技术人员，她们数量占有绝对优势，但女性专业技术人员的工作绩效、社会影响力等能反映自我价值和社会价值的核心指标仍然无法与男性相提并论，"男强女弱"仍然是科技人才发展的基本格局。

第六节　科技政策视角下湖北女性科技人才发展的微观相关性分析

女性科技人才发展既受到宏观层面的科技政策影响，又受到中观层面的经济要素影响，更会受到微观的两性关系和家庭影响。在此部分中，本研究运用性别理论，设计了男女科技工作者在社会性别观念差异、工作满意度、工作能力、工作实绩、家庭事务参与度等指标，采取了 Crosstabs（交叉分组的频数相关分析）、独立样本T检验和频数的相关性等分析方法，从微观领域分析湖北省男女性科技人才发展微观差异，进而为制定有利于女性科技人才发展的公共政策，科学合理地设计制度安排，构建性别公正和性别差异的科技文化提供客观依据。

一、社会性别观念的差异性分析

观念是人们在实践活动中形成的意识、思想等集合。人们的活动经常会受到观念的影响，好的观念有利于人们做出正确判断和指导实践活动，提升自我。由于传统文化中性别差异的观念、公共技政策缺乏性别敏感度等原因长期存在着，"男强女弱""女不如男""男主外女主内""女博士是第三性"等性别不平等观念事实依然存在。为了探究微观科技人才分布的男女性别差异，本研究特设计了如下分析维度，通过问卷探究男女科技人才观念的差异性。

1."在科学技术岗位上，只要肯付出，女性可以做得跟男性一样好"观念的差异性分析

表 5-12 "只要肯付出，女性可以做得跟男性一样好"观念的差异性分析

性别	赞同	比较赞同	一般	不赞同
男性	25.4%	54.7%	12.6%	7.3%
女性	34.9%	51.1%	13.4%	0.6%
p	0.375 > 0.05			

从表 5-12 分析看，25.4% 的男性科技工作者和 34.9% 的女性科技工作者对"在科学技术岗位上，只要肯付出，女性可以做得跟男性一样好"问题持有赞同意见，54.7% 的男性科技工作者和 51.1% 的女性科技工作者比较认同这个观点。持比较赞同的态度超过了 80%，从统计角度看，男女科技工作者对该问题的态度无性别差异，无论男性还是女性对这一问题的看法不因性别而异，且都持赞同态度。

2."相对男性而言，女性应该为家庭付出更多"观念的差异性分析

表 5-13 "女性应该为家庭付出更多"观念的差异性分析

性别	非常赞同	比较赞同	一般	不赞同
男性	17.7%	42.6%	25.5%	14.2%
女性	14.6%	38.8%	25.9%	20.7%

从表5-13看出，17.7%的男性科技工作者和14.6%的女性科技工作者非常赞同"相对男性而言，女性应该为家庭付出更多"的观点，42.6%的男性科技工作者和38.8%的女性科技工作者比较赞同。持不赞同观点的男性科技工作者的比例达14.2%，女性比例达20.7%。以上可以说明：第一，家务劳动女性化格局并没有得到根本改变。不仅是男性，就连女性科技工作者也认为女性应该为家庭付出更多，这无疑制约了女性科技人才的成长。在家政服务日益社会化趋势中，完全可以找到合理途径去平衡男女科技工作者在家务劳动中遇到的困境，给女性更多时间和机会从事科研工作。第二，部分女性有了自我觉醒的意识。20.7%的女性并不认同这个观点，说明了部分女性科技工作者突破了传统性别文化的影响，有自我性别觉醒的意识。

3. "男性的身心特点更适合科学技术岗位的工作需求"观念的差异性分析

表5-14 "男性的身心特点更适合科学技术岗位的工作需求"观念的差异性分析

性别	非常赞同	比较赞同	一般	不赞同	非常不赞同
男性	2.5%	5.7%	26.5%	50.9%	14.4%
女性	2.6%	16.9%	31.6%	42.5%	6.4%
P	0.000 < 0.05				

从表5-14的数据分析看，持反对态度的男性比例达到65.3%，48.9%的女性科技工作者也持有反对态度，且持反对态度的男性比女性的比例还要高，从另一方面说明了女性的身心特点也适合搞科学技术研究，这有力回应了社会对于女性不合适从事科研的认识误区。

二、工作满意度的差异性分析

表5-15 工作满意度的差异性分析

均值测验 \ 性别	男性（N=468）	女性（N=764）	T	P
工作满意度值	18.93	18.15	3.303	<0.05

所谓的工作满意度在此特指男女科技工作者对科研工作经历进行主观体验后表现出的情绪与状态，工作满意度主要由科技工作者在科技工作中的实际价值与预期获得价值之差来决定。因而，工作满意度被认为是可比心理体验，差距越大，说明满意度越小，反之则越大。从表5-15看出，男性科技工作者的满意度值为18.93，

女性满意度值为18.15，男女之间差异达到了0.61，达到了统计意义上的显著性水平。说明女性科技工作者的价值尚未完全得到公共组织和社会群体的认同，女性与科技分离的现象一定程度存在着。但从另一个角度看，P值<0.05，说明了女性科技工作者与男性之间差距没有达到显著差异水平，女性还存在着相当高的工作满意度。

三、工作能力的差异性分析

工作能力在此特指男女科技工作者在科研岗位上的要求，这主要用以衡量他们的知识结构、技能素质和行为方式等是否适合科研工作。从一般角度看，工作能力包括了必备的知识、专业技能、一般能力等。根据男女科技工作者的特点，在此设计了适合决策能力、专业技能、创新能力、沟通能力和细心能力等比较维度，如表5-16所示。

表 5-16 工作能力的差异性分析

均值 性别 \ 测验	决策能力	专业技能	创新能力	沟通能力	细心能力	总分
男性	3.93	4.07	3.88	3.74	3.72	27.62
女性	3.87	4.08	3.71	3.80	3.86	27.11
T	1.379	0.367	4.336	1.726	1.058	2.781
P	> 0.05	> 0.05	< 0.05	< 0.05	< 0.05	> 0.05

从上表数据看出，男女科技工作者在决策能力和专业技能不存在显著的差异，男性与女性科技者的决策能力的得分分别为3.93和3.87；女性略低于男性，男性与女性科技者专业技能得分分别为4.07和4.08，女性甚至略高于男性，P值 > 0.05，从统计学角度看，二者并没有表现出显著差异。男性与女性科技者的沟通和细心等得分值出现了统计学上的非常显著性的水平，女性在这两方面能力要显著高于男性，P值均 < 0.05，说明女性科技工作者在沟通和细心等方面能力比男性要好。在创新能力得分也表现出了统计学上的非常显著性的水平，P值 < 0.05，说明男性在科研创新能力上显著超越了女性科技者。从总工作能力角度分析，性别差异达到统计意义上显著性的水平，男女科技工作者总的工作能力并没有存在明显的差异，但在沟通能力和细心能力等方面，女性还强于男性，这为女性科技人才发展提供了可能，也有力回击了"女性工作能力天然弱于男性""女性搞科研不合适"等错误观念。

四、家庭事务参与度的差异性分析

从社会角色看，女性主要扮演了工作者、妻子和母亲三种角色。作为科技工作者，她们承担了繁重科研任务，扮演着创造、传播和应用科学文化知识等角色。在家庭生活中，她们更多的是妻子和母亲的角色。家务劳动中男女分担不均，直接导致女性减少投入科研工作的时间和精力，极大挫伤了她们的工作热情。为此，设计了如下指标来探讨男女科技工作者在参与家庭事务上的差异性。

表 5-17 家庭事务参与度的差异性分析

性别	一天用于家务劳动的时间				
	1 小时以下	1~2 小时	2~3 小时	3~4 小时	4 小时及以上
男性	55.3%	24.4%	16.7%	2.8%	0.8%
女性	18.7%	32.5%	36.5%	9.4%	2.9%

从表 5-17 看出，男女科技工作者用于家务劳动时间的差异性比较显著，八成左右的男性科技工作者每天用于家务劳动的时间在两小时以内。而八成以上的女性科技工作者用于家务劳动时间在两小时以上。从社会资本看，女性科技工作者拥有的社会资本相对匮乏，女性经常陷入琐碎的家庭事务中，失去了吸取社会资本的机会，直接导致两性工作绩效的差异。

五、工作实绩的差异性分析

工作实绩在此特指科技工作者在科研项目、科研成果、科研应用等方面的业绩。在此设计了科研奖励、项目管理和科研论文等来反映男女科技工作者的工作实绩差异性。如表 5-18 所示。

表 5-18 男女科技工作者的工作实绩差异性分析

科研获奖	性别	无获奖	地（厅）级以下	地（厅）级	省（部）级	国家级
	男	35.7%	8.5%	12.2%	32.2%	11.3%
	女	56.5%	15.7%	14.6%	8.9%	4.1%
主持或参与项目的数量	性别	无	1~3 项	4~6 项	7~10 项	10 项以上
	男	36.2%	44.3%	12.4%	4.3%	2.7%
	女	57.8%	34.8%	5.3%	0.9%	1.3%

续表

以上主持国家级项目或项目经费超过200万元的项目	性别	无	1 项	2 项	3 项	4 项
	男	69.5%	21.1%	6.4%	2.2%	1.8%
	女	82.6%	13.8%	2.5%	0.5%	0.6%
科研论文	性别	3 篇以下	4~7 篇	8~11 篇	11~14 篇	14 篇以上
	男	42.9%	31.7%	14.4%	6.7%	4.3%
	女	61.6%	24.5%	8.3%	3.9%	1.7%

首先，从科研获奖方面看，没有获奖的女性比例为 56.5%，没有获奖的男性比例为 35.7%，女性高出男性比例为 20.8%。获地（厅）级以下的科研奖励，女性比例比男性高 7.2%，获地（厅）级科研奖励中的男女比例差距不是很大，但是省（部）级、国家级奖励性别差距显得特别突出，获奖的男性比例为 43.5%，女性为 13%，高出女性 30.5%。说明男性科技工作者获奖的比例高于女性科技工作者，特别是在高级别奖励方面远远优于女性科技工作者。其次，从主持或参与的科研项目看，63.8% 的男性都有科研项目，42.2% 的女性有科研项目。从项目数量看，女性大多只有 1~3 项科研项目，且都为地（厅）级项目，男性的项目多为 1~3 项，19.4% 的男性有 4 项以上课题，说明男性参与科研项目机会较多。从高级别的项目看，82.6% 的女性无国家级项目，即使有也多为 1 项，30.5% 的男性有国家级项目，科研资助经费较高，且 10.4% 的男性有 2 项以上国家级项目，说明科研影响力有着较大性别差异。最后，从发表科研论文看，发表 3 篇论文以下的女性比例要高于男性，4~7 篇的男性和女性差距不是特别大，但是 8 篇以上就有显著差距，高出女性比例为 11.5%，但从整体看，在发表科研论文方面，男女差距有所缩小。

在调查中，还对男女科技人才的业绩进行样本调查，表明男性和女性在工作实绩上存在着较大差异。如表 5-19 所示。

表 5-19 男女科技人才业绩样本调查表

均值测验　　性别	男性（N=533）	女性（N=719）	T	P
工作实绩	9.68	8.44	6.319	<0.05

男性工作业绩得分为 9.68，女性工作业绩得分为 8.44，差异达到了统计意义上非常显著性的水平，说明从科研业绩看，男性的工作业绩远高于女性，性别差异明显。

六、人才管理机制缺乏性别意识

现行科技人才管理机制都是按照"男女平等"原则对待所有男女科技人才，不考虑性别差异、社会文化差异，表面看似公正，实质上内含着巨大的隐性不公正和性别排斥，因为"男女平等"原则实际上就是按照男性标准与规则去要求约束女性科技人才，而女性科技人才所承担的个体、家庭和社会责任与成长成本易被忽视，在对湖北省公共部门调查中发现，科技人才管理机制普遍缺乏性别意识。

（一）人才使用机制

表 5-20 女性科技人才成长障碍分析

存在问题（排序）	人数（人）	百分比（％）
缺乏专门针对性别差异的激励措施	417	40.25
缺乏适合女性成长的工作条件	274	26.45
缺乏全面的人才评价机制	255	24.61
男女难以获得公平竞争科研项目的机会	190	8.69

从上述调查看出，首先，女性科技人才成长的最大障碍来自缺乏具有专门针对性别差异性的激励措施；其次，女性科技人才成长的障碍还来自缺乏适合女性成长的工作条件；最后，公共部门组织内部约束机制不容忽视。说明女性科技人才成长首先要解决的是进行公正性的政策和制度设计，其次才是社会和组织关怀。

（二）人才培育机制

在调查中发现，一些部门对女性科技人才采取"重使用、轻培养"的人才培育机制，有效培育和激励女性科技人才的发展政策不到位，极大地挫伤了女性科技人才的科研积极性（如表 5-21 所示）。

表 5-21 培训机会获得差异分析

均值 性别 测验	男性 （N=582）	女性 （N=620）	T	P
培训机会的获得	2.02	1.82	2.474	< 0.05

男女科技人才获得的培训机会达到了统计意义上的非常显著性水平，男性为2.02，

女性为 1.82，女性和男性相比，存在着获得的培训形式单一、机会较少，缺乏培训应用等困境。

从空间尺度和整体效用看，国家层面的科技政策和湖北省层面的科技政策对湖北省公共部门的女性科技人才成长与发展的效应存在差异，政策绩效也相异。

1. 宏观层面

溢出效应最明显。根据整体效应理论，科技政策促进了女性科技人才数量快速增长，女性科技人才竞争力得到进一步增强。湖北省女性专业技术人才发展总态势良好，是中部六省的领头羊，在全国也处于中上游水平，女性科技人才对于"科技兴鄂""建设创新型湖北"等战略实施，对推动经济社会发展，构建和谐湖北发挥了至关重要的作用。至于存在缺乏性别敏感的科技人才政策、科研环境系统有待改善、高层次女性科技人才缺失、整体创新能力和总体水平较低等问题是全国性的，需要未来的国家科技政策不断调适。

2. 中观层面

溢出效应不甚明显。因为存在着领域、行业和性别等明显的不均衡和不平等，科技政策推动了女性科技人才更多向教育部门、国有单位和权力部门等公共部门集中，更多的中青年女性科技者成为了女性科技人才队伍的主体，同时又存在着显性的性别失衡现象，中观层面上的科技政策效果不甚明显，只是在促进女性科技人才在特殊领域和行业（如卫生）等方面有所作为，并没有真正实现协调发展，反而增加了领域、行业和性别差异。从整体上看，科技政策在科技人才调节上存在着一定的失灵，不利于湖北省女性科技人才的协调发展。

3. 微观层面

政策效果最不明显。根据人才需求理论，科技政策对于男女科技人才发展导致"收敛"困境，而非"发散"良性的驱动。与男性相比，在女性科技人才成长过程中，来自家庭、组织和社会等的制约要素较多，女性在科研道路上往往处于劣势。这与科技政策无性别差异的"收敛"现象不无关系，如何缩小男女科技人才成长的差异性，实现科技人才的包容性发展，需要宏观的政策和制度调适，需要中观的制度安排和公共组织的协同治理，更需要从微观层面构建包容和平等的性别文化。

典型个案

本书为了研究湖北省科技、教育、农业、卫生等公共部门女性科技人才现状，重点抽样调查了具有典型性的 Z 科学院、H 大学、L 研究院、T 研发公司等四家单位科技人才发展状况，这四家单位聚集了众多的科学家、专业技术人员、工程师、研发人员，他们是科技人才的主体。

Z 科学院

该机构有大量优秀的科技人才。其中，女性科技人才 383 名，占总人数的 30%；全院有高级职称的女性科技人员 97 人，占总数的 25.33%；在女性科技人员中，有 1 人获得"国家五一劳动奖章"称号、1 人获得"国家突出贡献中青年专家"称号、5 人获得"国务院特殊津贴"、1 人是全国政协委员、4 人是湖北省人民代表大会代表、3 人是湖北省政协委员。

H 大学

H 大学是全国重点大学，是国家"211 工程"和"985 工程"建设高校。共有 3224 名专业技术人员，其中女性有 1004 人，占总数的比例为 31.14%；有中级职称 1103 名，女性有 462 人，占总数的比例为 41.9%；副高职称有 1108 人，女性有 283 人，占总数的比例为 25.5%；正高职称有 875 人，女性有 144 人，占总数的比例为 16.5%。在各类奖励中，女性获奖情况为：有 3 位长江学者，1 人享受国务院特殊津贴，2 人入选"新世纪百千万人才工程"项目，12 人获得国家杰出青年科学基金资助，14 人列入了教育部新世纪优秀人才支持计划，4 人获得湖北省自然科学奖，1 人获得湖北省技术发明奖，18 人获得湖北省科学技术进步奖。

L 研究院

它是湖北省人民政府直属的省级综合性农业科研机构，有较强的农业科研和技术推广的实力。全院有女性科技人员 42 人，占总数的 15%；副高职称有 26 人，占副高总数的 23.4%；正高职称有 6 人，占正高总数的 9.7%；有 7 名女性科技人员享有国务院特殊津贴，3 人享受湖北省政府津贴。

T 研发公司

T 研发公司是一家部属的大型勘察设计单位，拥有各类工程师 300 多人，对湖北省的高新技术发展做出了较大贡献。公司有科技人员 3039 人，女性有 556 人，占总数的 18.29%；有助理工程师 558 人，女性有 101 人，占总数的 18.1%；工程师 1166 人，女性 246 人，占总数的 21.1%；高级工程师 1177 人，女性 197 人，占总数的 16.7%。

调查与发现：

第一，根据对 Z 科学院、H 科技大学、L 研究院、T 研发公司四家单位中科技人才的调查，女性科技人员占总数的比例约为 25.38%，基本能反映湖北省公共部门女性科技人才数量分布状态。

第二，女性科技人才纵向分布大体呈现出了金字塔状态，高层次的女性科技人才较少，高级的科研奖励也较少，女性科技人才多为初级和中级专业技术级别。

第三，女性科技人才多从事户外性工作。如，Z 科学院中的女性科技人才工作区域集中在病毒、水生、植物等户外领域，H 大学的女性科技人员较多集中从事农业科技研究和工程研发等户外领域，说明了大部分女性科技人才工作条件较为艰苦。

第四，从工作压力看，高校女性科技人员的压力大于男性，在研究院和研发公司中则呈现相反现象，如表 5-22 所示。

表 5-22 研究机构人员的工作压力差异分析

部门	性别	工作压力程度（%）				
		非常大	比较大	一般	比较小	非常小
高校	男	14.5	54.3	24.1	5.8	1.3
	女	9.9	69.5	15.3	4.8	0.5
研究院	男	28.7	53.8	16.2	0.8	0.5
	女	16.0	29.3	54.4	0.1	0.2
研发公司	男	23.4	66.5	8.9	0.1	1.1
	女	7.2	51.2	37.0	3.6	1.0

第六章 制度与环境：科技政策失灵原因之分析

我国女性科技人才发展态势整体上较好，但是存在着区域、行业、性别不平衡、不平等等困境。时至今日，经济社会发展需要与女性科技人才发展现实困境仍然突出，不平衡、不平等等困境甚至有着固化和扩大趋势，由此衍生出了新的问题：女性科技人才成为"遗留对象"。笔者认为这种矛盾和困境的原因是多方面的，但最根本原因是科技政策的失灵。

第一节 科技政策规划层的原因

一、科技政策价值取向偏离

《国家中长期科学和技术发展规划纲要（2006—2020 年）》和《湖北省中长期人才发展规划纲要（2010—2020 年）》等赋予了科技政策一般层面的价值取向。首先，和谐的价值取向。科技政策是国家公共政策中的一个重要组成部分，它维系着科技资源的分配，是各种利益关系的调节器，事关社会和谐与发展。和谐价值取向要求做到理好科技与经济发展之间的关系。现阶段，科技与经济发展难以严格区分，科技政策要围绕经济建设，为实现包容性的经济政策发展服务，和谐价值取向要求科技与社会协调发展。要根据实际情况制定符合社会发展的科技政策，才能达到科技和社会的协调发展。其次，以人为本的价值取向。主要是制定科技政策时，以人、社会和公众利益为立足点，促进人全面发展和实现整体利益。一方面，要注重调动科技工作者的积极性，维护他们的利益，满足他们的诉求，关注科技系统中科技人才主体特别是女性科技人才的诉求。另一方面，要重视人的要素，科技政策应更多地倾注对人的关爱。最后，自主创新和建设创新型社会的价值取向。这要求加强原始创新，加强集成创新，善于利用先进科技成果，建设具有创新意识和创新能力的社会。

　　然而，我国科技政策研究很自然地将公共政策主要集中在科学技术改造世界的功能上，而其认识世界的功能则只体现在基础学科中，这就导致我国科技政策明显表现出实用主义的价值倾向。由此，在实用的工具理性掩护下，科技政策的价值往往缺乏足够周密的考虑，偏离和谐发展、以人为本的价值取向，科技政策往往成了增加经济产出和政府政绩的工具，尤其是在科技政策应对着具有多元价值相互冲突和利益纵横交织组成的各种科技人才主体进行有效调节时，如从实用主义角度出发，从纯粹资源配置效率的角度出发，尽管有时可以凭借公共权威的强制性带来政策绩效，但如果科技政策不能秉持促进公平和增进公共利益的价值取向，那么政策执行就会出现走样，科技政策就会受到排斥与抵制，导致其价值取向偏离公共利益和政策执行失灵，科技政策将不能真正起到激励科技人才成长与发展的作用。

　　个案：某部门的科技人才发展规划纲要指导思想摘要："为了贯彻落实好科学发展观，坚持人才实用为本，以高端引领为重点的指导方针，搭建科技创新平台，改革科技人才激励制度，优化市场配置科技人才资源的手段，努力造就一支市场化、专业化和优势化的一流科技人才队伍。"

二、科技政策责任主体错位

　　科技政策责任是指科技政策活动主体在政策系统中所应履行的社会义务与实现政策规定目标的总和。不同科技政策主体由于管理角色不同，承担的责任也不同。政治领导所承担的政策责任主要为法律责任和政治责任，行政官员承担的政策责任主要为管理责任和社会责任。因此，不同政策主体，社会对其的角色定位不同，政策责任亦会不同。

　　从责任演绎看，科技政策主体的责任包括法律责任、政治责任、管理责任、道德责任和社会责任。在此，科技政策责任主体错位主要从管理责任和社会责任缺位两个角度分析，因为科技政策主体大都是国家科技政策的执行者，很难触及法律责任、政治责任和道德责任。科技政策的管理责任主要包括科技主体承担特定的科技政策执行任务的责任。科技政策管理责任，关键在于部门严明的自律机制和内部监控机制。社会责任是"一种依靠公民参与来加强行政问责的问责途径，它通过普通的市民或公民社会组织，以直接或间接的方式来推进行政问责"。在我国，科技政策主体的责任监督主要来自公民监督、新闻媒体监督和社会团体监督。

从科技政策主体的管理责任看，科技政策对科技人才的激励和成长都有相应的规定，包括科技人才的资源总量、科技人才的结构、科技人才的竞争力和科技人才的使用效益，但是缺乏责任机制的制约，对目标实现情况没有明确的约束机制。在对湖北省公共部门中的专业技术人员政策统计时发现，有86.45%的科技人才政策无明确的政策制约机制，有8.59%的科技人才政策隐含着政策制约机制，只有4.96%的科技人才政策有明确的政策制约机制。从科技政策主体的社会责任看，37.32%的科技政策主体受到了媒体的关注与监督，9.63%的科技政策主体受到了公民监督，3.1%的科技政策主体受到了社会团体的监督。但社会主张科技人才政策体现性别敏感维度较少，除了妇联和几家妇女杂志长期监督和呼吁外，社会主流媒体、公民和社会团体等甚少关注女性科技人才的现状。

个案：C农科所是湖北省农业厅管理的科研单位，根据《国家中长期科学和技术发展规划纲要（2006—2020年）》和湖北省相关科技政策精神的规定，该所制定了《湖北省C农科所优秀人才支柱计划》（2009），其中规定：为了打造一支年轻化、素质高、科研能力强的女性科研队伍，单位每年拿出2.5%的管理费作为在户外长期从事科研活动高级职称以下女性专业技术人员的培训费用、提高产假补贴。政策制定之初，受到女性的青睐，然而，由于当年财政吃紧，部分男性尤其是男性领导对此政策持有异议，在政策执行中又增加了工作年限、工作绩效等条件，且审批复杂，周期较长，资金难以到位，一些女性干脆放弃了申请，最终，只有较少的女性专业技术人员受惠于此政策。经该单位核实，政策实施的第一年只投入了1.43%左右的管理费用，第二年该政策即遭废止。

三、科技政策方案缺乏科学性

公共政策制定的科学化是政策收益的基石。具有良好绩效的公共政策应具备延续性、前瞻性、可行性和科学性，充分考虑到社会、效益和文化等特有因素，在政策系统与外部环境系统的互动中，才能实现政策的输入—产出效益。"尽管改革开放以后，我们在决策的科学化民主化方面有了一定的发展，但是，我们也不能忽视，因政策不能准确地反映客观现实情况而导致其执行难以达到预期目标的情形在今天仍然存在。"[1] 从资源分配角度看，公共政策实质上是各方利益主体博弈下而形成的制度规范，最终的博弈结果合理与否，取决于政策收损度和社会公平性。"我们在研究决策的结果时，则应把决策的结果看作是决策者与决策对象之间利益互动过程的一种合力。从这方面来说，并不存在追求真理和追求科学性的问题，存在的只是追求利益的协调，即追求双方都能或都愿意接受的结果，这才应该是正确决策的最后的衡量标准。"[2] 在对湖北省科技政策的调查中发现，某些科技政策方案缺乏科学性，未真正起到对科技人才发展的激励作用。第一，科技政策的逻辑起点模糊。"从逻辑上说，如果没有对政策问题根源和作用机制的分析，从政策问题出发不可能形成政策目标，更不可能创制政策方案。"[3] 许多部门科技政策只注重政治过程，忽视技术过程，重视国家和省级科技政策规定下政治任务的完成，没有真正去调查研究，千篇一律，没有制定出符合部门实际的政策。第二，科技政策设计的轮廓和细节缺乏科学指导性。行业政策遵循大而化之的原则，实质是上层政策的翻版，对于科技人才和女性科技人才发展采取什么办法和如何操作等细节问题没有具体规定。第三，科技政策内容的企业化、市场化倾向性较高。某些科技政策导致科技人才向优势行业、领域集中，向男性集中，弱势行业和女性得到科技政策的扶持随之减少，科技政策质量大打折扣，一些科技政策成了强势方的优惠，如图6-1所示。

[1] 丁煌. 政策制定的科学性与政策执行的有效性 [J]. 南京社会科学，2002（1）.

[2] 李景鹏. 政策制定的两个维度：科学决策与民主决策 [J]. 北京行政学院学报，2000(1).

[3] 杨成虎. 分析性政策方案创制的逻辑与程序 [J]. 领导科学，2010(11).

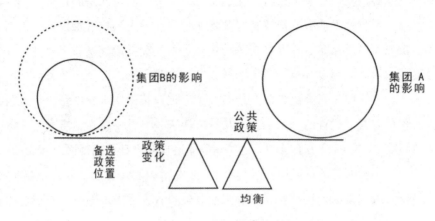

图 6-1　团体理论模型

改革开放形成新型的利益格局，如果说改革开放前解决的是意识形态问题，那么现在就是协调利益问题。作为科技政策，也应解决好与科技发展密切相关的科技人才利益格局问题。

个案：某厅《××××优秀中青年科技创新团队管理试行办法》：为了在重大科技专项、学科前沿等取得突破，为了进一步开展基础研究、应用基础研究和高技术研究，组建中青年科技创新团队。进入该科技创新团队的中青年要具备以下几个条件：第一，年龄在 38 周岁以下。第二，作为主持人，获省部级科技进步以上项目。第三，作为主持人，已取得的科研成果或发明专利产生了重大的经济和社会效益。第四，以第一作者身份在国际权威学术刊物公开发表论文 1 篇（含 1 篇）以上，或者在国内权威期刊发表 2 篇（人文类 3 篇）以上。

四、科技政策的制定缺乏女性关注和参与度

传统的政策模式是以政府主导的精英决策模式，社会团体、公众和其他行动者对决策影响较弱，政策制定的价值取向、目标、实现方式等都是政府与精英共同完成的。随着社会主义市场经济体制建立与完善，科技政策不仅要促使科技更快发展，更要突出政策的公平、责任、回应性等目标。原因在于政策系统把众多行动者纳入了利益的场域中，行动者为了更好地表达和维护好自我利益，积极推动、协商，与

政府主体共同制定或影响政策。从政策权力分配看，政府和外部行动者共同参与决策是双赢互惠的政策制定模式，外部行动者参与政策制定可以监督和制约政府决策权，规避其无限的自由裁量，使政府制定出的公共政策能符合社会发展，行动者因此从中实现自身权益。

由于政治系统存在着一定的封闭性和政府管理的直接性，政府和市场、政府和社会缺乏必要的沟通媒介，因而，对于技术性要求较高的科技政策，公众参与意愿不高且渠道较为狭窄。对于政治冷漠度较高的女性而言，她们出于性别、性格和家庭等原因，加之受整体知识结构和受教育程度影响，极少有热情关注科技政策制定，她们参与政策制定能力较弱。作为利益相关者的女性远离或被科技政策的制定所排斥，尽管最终的科技政策并没有限制性别差异，但是女性科技工作者的特殊性并没有得到充分体现，导致了科技人才发展的性别差异就不足为奇了。这种格局与科技政策的价值取向缺乏性别敏感度有直接关系，也和女性科技工作者自身不积极参与科技政策制定有着密切关系。

表 6-1 获得参与机会差异分析

均值测验 \ 性别	男性（N=223）	女性（N=409）	T	P
获得参与机会	2.04	1.88	2.474	< 0.05

从表 6-1 可以看出，男女科技工作者在参与科技政策决策方面存在显著差异，男性为 2.04，女性为 1.88，达到了统计意义上的非常显著性的水平。这充分说明了无论出于何种原因，女性参与科技决策机会较少和频率较低事实的确存在。

五、科技政策缺乏相关配套制度

政策系统分析理论认为：在进行公共政策分析时，需将系统作为分析的基准，从整体层面入手，有效理顺整体和部分、结构和功能、环境和系统等相关联的要素，达到政策整体目标优化。"社会生活方式的延续依赖于社会结构的延续。社会制度源出于某类型或某种层次上的社会关系和社会互动，各种社会制度的根本功能在于维持社会结构的存在和延续。功能反映了社会结构和社会过程之间的相互关系。"[1]
科技政策也是如此，它绝不是单一的科技制度，也不是单一部门、行业的政策设计，必须和其他制度系统，和与之相关联的环境系统相匹配，才能减少科技政策和其他制度的摩擦和冲突，降低科技政策运行成本，提高科技政策运行的有效性。

在调查中，发现许多科技政策只是一个相关部分内部政策规范，缺少相关政策协调，既缺乏其他相关政府部门的政策支持，也缺乏不同的政策建议演进融合为一项共识。[2] 对隐性的女性科技人才成长与发展问题，靠单一的科技政策是不够的，更需要涉及相关政府部门的政策和社会组织的相关配套制度共同作用，才能凸显科技政策执行效果。例如，国家法定退休年龄是男性 60 岁，女性 55 岁，而在科技领域中，许多有着重大贡献科技工作者的退休年龄则是男性 65 岁，女性 60 岁，或者返聘。这种规定只是部门行业自我规定而已，缺乏统一的政策支撑和持续性的制度供给。这就需要人力资源和社会保障部门、财政部门等相关政府部门制定出相应配套政策。

个案：B 科研所在国家企事业单位改革和改制等政策影响下，有一批不到退休年龄的女性科技人才加入了退休队伍中。其中不乏一些高学历、高专业技术水平的高端科技人才，有研究生学历的 29 人，占离退休科技人员总数的 39.7%，具有高级技术职称的 37 人，占离退休科技人员高级职称总数的 27.76%，享受国务院和省政府特贴的有 5 人。据调查，有 65.24% 的离退休女性科技人才有再做贡献的意愿。但是这样高学历、高专业技术水平的女性科技人才并没有被"二次开发"，仅 5.37% 的女性科技人才得到了返聘机会。从调查看，主要原因是政府部门对于有效利用离退休科技人员的配套政策措施不完善，没有统一明确的规定和政策依据，缺乏导向性的离退休科技人员返聘政策，相关部门也缺乏资金和项目予以扶持。

---

[1] 拉德克利夫－布朗. 原始社会的结构和功能 [M]. 潘蛟，等译. 北京：中央民族大学出版社，1999：9.

[2] Nina P. Halpern.Information Flows and Policy Coordination in the Chinese Bureaucracy [C]//In Lieberthal and Lamptoned. Bureaucracy, Politics, and Decision Making in Post-Mao China. 1992:125-146.

第二节 科技政策执行层的原因

毛泽东曾指出："如果有了正确的理论，只是把它空谈一阵，束之高阁，并不实行，那么，这种理论再好也是没有意义的。"[1] 科技人才整体发展要真正转为现实，科技政策执行有效性至关重要。

一、科技政策主体执行的低效

科技政策执行主体是指直接参与科技政策执行、监控和评估过程中具有法定权威性的个人、团体和组织。科技政策执行主体的素质决定了科技政策的走向，包括执行者的道德素质、政策理解与认同能力、职业道德等。从科技政策执行主体对女性科技人才认识角度看，他们的部分错误思想和行为导致男女科技人员在准入机制、培育机制和评价机制等方面出现一定的性别排斥，导致科技政策执行的低效。首先，执行主体的利益诱发。科技政策执行主体具有科技政策制定和执行的双重身份，有着明显的利益需求。在科技人才准入机制中，人为设置了女性进入科技队伍的障碍，设置了女性的年龄、性格、长相、专业、科研成果，甚至还有婚姻状况等制约性因素，而男性条件相对较为宽松。在调查中发现，有 96.74% 的单位在招聘科技人才过程中有性别差异，女性占招聘计划的 26.7%。其次，部门利益驱使。一些政策执行主体从本部门利益出发，一方面在行业内部实行特别优惠人才政策，滥发各类奖金、补贴，违背国家管理制度。另一方面，实施抑制性科技人才流动的政策，搞封闭、排外等保护性政策，加剧了女性科技人才的分布不均。例如，某部门的《×××科技人才管理办法》规定，原则性禁止获得国家级科研项目的科技人才流向同类性质的部门，否则，将视工作年限处以 5 万至 30 万元的罚金，退回单位集资房，属于人才引进解决工作的家属将一并离开单位。据抽样调查数据显示，有 53.64% 的男性科技工作者有换工作的意愿，只有 12.92% 的女性科技工作者有换工作的意愿，科技工作者更换工作的最大障碍来自严厉的行业处罚措施。最后，部分科技政策执行主体存在错误

---

[1] 毛泽东选集（第2版）[M]. 北京：人民出版社，1991：292.

思想倾向。一些科技政策执行主体的世界观和人生观不健康，存在着脱离实际、个人主义、本位主义等思想，使得科技政策得不到有效宣传、贯彻。

二、科技政策客体的消极行为

科技政策要想起到有效激励科技人才发展的作用，仅仅依靠科技政策制定者、执行者的单一指向性活动是难以实现的，在很大程度上取决于科技政策客体的态度。如果科技政策客体理解、认同科技政策，科技政策就较易执行和成功，否则就会打折扣，出现政策障碍或失灵。可见，科技政策客体表现出来的接受或顺从的态度程度成为了科技政策能否有效激励科技人才发展的关键要素之一。

科技政策客体多种多样，包括各级政府、部门、企业和众多的相关利益者，也包括了女性科技工作者。对于女性科技人才而言，她们在自身发展过程中树立的职业期望，对于行为进行成本收益相关衡量，是她们做出相应行为的重要依据。在调查中发现，女性科技人员往往会根据成本收益、职业期望等要素进行功利性判断，表现出一定的消极行为：首先，表现为抗拒的消极行为。女性科技工作者对许多科技人才政策有抵触心理，认为对女性没有实际帮助，政策调适有限，她们的利益得不到实质性保障。在调查中，有 7.75% 的女性科技工作者有此种消极心态，尽管属于少数，如不及时引导，就会影响单位稳定和科技政策整体效用实现。其次，表现为心理不平衡的消极行为。改革开放以来，我国女性科技人才整体的数量和质量取得了较大突破，但是发展中的不平衡和性别差异事实存在着，以至于部分女性科技工作者存在着一定不平衡的心理积怨。在调查中，有 16.55% 的女性有不平衡的心理，认为科技人才政策无论怎样调适，自身再如何奋斗，也难以企及男性的科研成就。最后，表现为依赖的消极行为。一些女性科技工作者过于依赖科技政策，对科技政策调适的期望值过高，认为她们的发展主要靠关人才政策扶持和组织关怀，缺乏自我努力意识，这些都成了女性科技人才成长与发展的障碍。

三、科技政策执行机制的缺失

科技政策执行机制通过不断明确科技人才激励目标，调整执行工具，缓解科技政策执行阶段中各类矛盾，可作为检验科技政策质量的标准，因而科技政策执行机制会影响到科技政策运行，影响到女性科技人才的发展。

责任监督机制的缺失。行政学家艾莉诺·奥斯特罗姆指出："在每一个群体中，都有不顾道德规范，只要一有可能便采取机会主义行为的人；在很多时候，也都存在采取机会主义行为的情况，其潜在收益是如此之高，以至于极守信用的人也会偶尔违反规范，有了行为规范也不可能完全消除机会主义行为。"监督是管理活动中的重要一环，也是保障科技政策运行的有效手段。在科技政策执行中，政策执行主体缺乏有效监督，导致科技人才成长的机制得不到有效执行。在调查中发现，尤其突出的是科技费用的使用与管理缺乏监督机制，一些科研项目的资金使用、项目的审批和建设等监督不严，挪用至非科研用途现象突出。有 54.5% 受调查者有挪用科研经费的经历，有 63.27% 的调查者认为部门领导权力过大，一言堂工作作风突出，有 40.41% 的调查者认为大量科研资源流失，应严格加强监督。

社会参与机制的缺失。"民众也是社会政策运行的主体，社会政策的执行常常需要施政者与影响对象之间的密切合作。对提高政策效率的意义也是不言而喻的。"民众参与科技政策执行环节有利于增加他们对科技政策的认同度，降低政策执行成本，增强科技政策的透明性。在调查中发现，一方面，社会公众参与科技政策的制度规范化程度不高，参与机制不健全和参与渠道封闭，另一方面，科技政策制定和执行较为忽视公众参与意愿，将社会公众视为简单的政策客体。

四、科技政策评估机制的滞后

目前，对于政策评估的理解主要从以下四个方面开展："（1）着眼于政策效果；（2）对政策方案的评估，属于政策评估中预测评估的范畴；（3）对政策全过程的评估，既包括对政策方案的评估，还强调对政策执行以及政策结果的评估；（4）目标是发现误差，修正误差。"科技政策评估最难的地方在于评估标准的定位，科技政策评估应有以下四个标准：首先，为生产力标准。在众多科技政策评估的标准选择之中，从社会、政治、经济发展阶段和科技政策的本质功能上看，生产力标准乃是科技政策评估最根本和首要的标准。[1] 主要表现为科技投入之下的可测产出，在何种程度上解放生产力、促进生产力的发展水平。其次，为效率标准。科技政策效率的标准是衡量科技政策取得效果所耗费的资源数量，通常表现为政策投入与政策效果之间的关

---

[1]　陈捷，王云萍. 公共政策评估的生产力标准初探 [J]. 福建经济管理干部学院学报，2003（2）.

系和比率。[1] 建立在效率基础上的生产力标准才有效益，才是效率与效益统一的科技政策。再次，为效益标准。效益旨在衡量工作量或投入量的成果。效益标准相对复杂，需考虑几个要素：明确科技政策必须达到的目标。明确科技政策目标实现程度，要把必须目标和希望目标结合起来，进行目标达成模式和附带效果模式的评估。明确经济成果和非经济成果，在经济成果基础上把更多的非经济成果纳入效益标准体系。最后，为效应性标准。主要由公正性标准和回应标准构成，用来衡量科技政策对于促进社会宏观发展和科技人才整体发展作用的指标。

科技政策评估机制的滞后性突出表现在没有正确处理好生产力标准和效率标准、效益标准和效应性标准等的关系。从调查情况来看，有 69.47% 的科技工作者认为科技人才政策并没有得到及时评估，有 85.63% 的科技工作者认为科技人才政策评估注重正面评估。许多科技人才政策只注重以科技成果、科技投入、科技人才规划等明显的生产力标准、效率标准进行评价，缺乏对科技人才政策从行业、领域、高层次人才缺失和性别失衡等具有效益标准和效应性的角度进行的评价。从某种程度分析，现行的一些科技政策评估成为了沽名钓誉、歌功颂德的工具，政策评估机制的滞后现象显著。

第三节　科技政策环境的原因

科技政策作为一种制度必须要与社会环境相适应。环境既能有效促成科技政策有效运转，又可以解决女性科技人才发展中的突出问题与矛盾。"这一时代背景不仅迫切需要我们进一步健全和完善各种规则体系，而且更需要我们大力增强国民的规则意识，以使作为规则的各项公共政策能够更有效地实施，使公共政策作为政府对社会经济发展实施宏观调控的杠杆作用得以最大限度地发挥。"[2] 科技政策的最高层面价值在于它能整合主流价值观、法律制度规范和社会环境等功能，形成互动与内在一致的系统，调配着科技人才资源，控制参与者的行为。如同哈贝马斯所述，"如果得不到国民先前已先行发生转变的价值取向的响应和支持，即使政治精英首

---

[1]　匡跃辉. 科技政策评估：标准与方法 [J]. 科学管理研究，2005(12).

[2]　丁煌. 政策执行阻滞机制及其防治对策——一项基于行为和制度的分析 [M]. 北京：人民出版社，2002：1.

脑能够倡导制度创新，他们所处的社会也无法实现制度创新"[1]。任何科技政策制定、执行、监控和评估等过程，都离不开环境的影响。

一、成本与收益博弈下的失衡

"假定由政府通过行政机制进行管制来解决问题所包含的成本很高（尤其是假定该成本包括政府进行这种干预所带来的所有结果），无疑，通常在这种情况下我们会假定，来自管制的带有害效应的行为的收益将少于政府管制所包含的成本。"[2]这说明了成本与收益的分析对于政府管理的重要性，对于女性科技人才行为选择而言，同样适用。作为理性的选择行为，她们会进行成本与收益的计算，而后选择行为方式。假如收益大于成本时，她们就会拥护相关的科技政策，努力科研，积极成才。假如现有的科技政策无法使得她们获得更大利益时，她们就会根据成本计算收益理智改变科研的行为模式，衍生无序行为，她们就趋向于远离科学研究，在具体工作中出现机会主义和搭便车现象。这里的成本包括潜在成本、机会成本和切换成本，预期收益包括女性科技工作者预期收益与成本之间的差值。

成本与收益分析法实质有着一定的有限范围的价值问题。与其他可选的途径或方法相比，我们的开支是否物有所值？这就是成本—利润分析的本质。如图 6-2 所示。[3]

[1]　张海洋. 中国的多元文化与中国人的认同 [M]. 北京：民族出版社，2006：17.

[2]　科斯. 企业、市场与法律 [M]. 上海：上海三联书店，1990：92.

[3]　格斯顿. 公共政策的制定——程序和原理 [M]. 朱了文，译. 重庆：重庆出版社，2001：140.

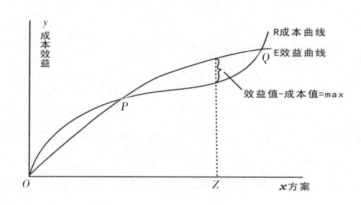

图 6-2　成本效益曲线图

对于女性科技人才而言，成本包括从事科研的个体成本和社会成本。个体成本主要表现为她们在家庭生活事务方面的消耗。传统的观念认为"男主外、女主内"，女性应成为男性事业的背后力量，她们将大部分精力放在家庭生活上，为家庭牺牲事业，任劳任怨地从事家务劳动。在设计的"您认为女性科技工作者辛勤工作会给她的家庭带来不和谐吗"问题调查中，58.72%的人认为"会带来不和谐"，28.49%的人认为"应该不会出现不和谐"，12.88%的人选择了"说不清楚"。这说明了包括女性工作者在内的社会群体大部分认同"女主内"的事实，女性要想成为科技人才，需勇攀科研高峰，她们付出的个体成本是相当高昂的。女性科技人才的社会成本主要是从事科研活动所付出的社会平均成本。科技发展资源是有限的，不可能完全满足不同区域、行业、性别的科技人才的所有需求，其中存在竞争关系。从性别对比来看，根据前面所述，女性科技人才处于劣势博弈方，获得科研发展的资源有限，她们要想成才必须付出超过社会平均成本的代价。

从女性科技人才的收益看，首先是个体收益，且收益具有滞后性。据本书抽样调查分析发现，女性的成才比男性晚 5.8 岁左右，即便是同级别的科技工作者，女性也难以拥有和男性科技人才相同的待遇，她们在科研项目数量、科研经费支持以及科研项目的市场收益等方面远远落后于男性。从社会地位看，女性科技人才比不上女性从政人员，从经济收入来看，她们也难以比拟女性企业家或者一些以物质为导向选择婚姻的女性。在调查中还发现，部分女性科技工作者在工作过程中，必须身体力行，在一线从事科研，生理和心理健康状况堪忧，职称越高的女性科技人才，其心理压力越是远远超过生理压力。因此，作为理性人，女性科技工作者都有自我的成本与收益核算，成本高，收益低下，使得她们从事科研的动力不足。整体看来，科学研究仍然是男性控制的领地，成果与声望上的差异又反过来影响了两性参与科研竞争的机会。

二、功利性选择的失范

本部分论述运用默顿的社会失范理论说明女性科技人才的功利性选择问题。默顿认为微观层面的社会失范会导致社会群体成员出现偏离、异化或反向社会的持久规范行为，文化结构的价值目标与社会结构的制度手段不协调在微观个体层面有着不同反映，主要表现出5种类型：遵从型、创新型、仪式主义、退却主义和反抗。在调查中，除反叛之外的其他四种失范形式在女性科技人才身上都有不同程度的体现，当然遵从型仍然是主流，而创新型、仪式主义和退却主义等功利性选择的失范行为仍然存在，理应引起管理者的足够重视。

（一）低下的创新型

默顿认为，当个体认同价值目标通过不合法的方式去实现时，就会出现所谓的创新行为。既然普遍遵从仍然是主流，女性科技人才进行的选择就是规范的，所以创新手段选择不存在非法，只存在实现方式差异。在本次调查中，设计出了如下指标，对女性科技人才参与科技创新情况进行比较。

表 6-2 女性科技人才参与科技创新情况（％）

对象	具有自主知识产权的成果	具有原始性的高质量论文	具有应用价值的科研成果
调查对象	13.67	19.31	24.52

从表 6-2 可以看出，女性具有自主知识产权的成果和具有原始性的高质量论文较少，比例分别为 13.67%、19.31%，具有应用价值的科研成果为 24.52%。女性科技人才缺乏科研创新精神，她们对科技创新缺乏根本的认识，没有把科研与创新意识相结合，很难将个人价值的实现与创新性研究任务结合起来。

（二）呆板的仪式主义

仪式主义是通过放弃主要的价值目标以及遵从安全的陈规和制度化规范，个别地寻求对竞争中难以避免的挫折和危险的个人解脱。[1] 这些仪式主义者在严格的社会制度和社会规范之下，忽视考虑行动与价值目标的协调性，缺乏追求价值目标的动力和明确方向，缺乏对地位、欲望的满足程度。在此，设计了科研的社会地位认知指标，从性别对比视角来反映女性科技人才在科研工作中的仪式主义的失范。

表 6-3 科研工作中的仪式主义程度差异分析

因变量	高低分组	样本量	平均数	标准差	T 值及显著性
科研的社会地位认知	女性	652	3.863	1.110	−2.030*
	男性	335	2.088	1.050	

表 6-3 反映了在科研系统中社会地位认知自变量与因变量之间的关系。在科研的社会地位认知上，男女科技工作者表现出较大差距，女性对于科研社会地位的认知度达到并超过了 0.01 的显著性水平，说明女性比较注重科研行为的仪式主义。

（三）隐性的隐退主义

隐退主义主要表现为一些女性科技工作者曲解科技政策的发展方向，其行为与现行的制度规则不一致，采取了拒绝方法去应对。她们虽然身处科研工作中，但有着不同的价值取向，算不上合格的科技工作者，她们经常游离于科研工作系统之外。在此，设计了迷信、赌博等与科技价值取向相反的指标来反映部分女性科技人员的隐退主义情况。

表 6-4 女性科技人员的隐退主义情况

项目	频率（次）	所占百分比（%）
迷信	25	36.34
赌博	96	27.69
合计	121	64.03

---

[1] 默顿. 社会理论和社会结构 [M]. 唐少杰，齐心，译. 南京：译林出版社，2006：287.

从表6-4看出，一些女性科技人员尽管从事科技研究，出于对平安、无病、升官、发财等的追求，有 36.34% 的调查者参与了迷信活动，年频率为 25 次，有 27.69% 的调查者参与了赌博活动，年频率为 96 次。从应然层面看，科研工作尽管应以马克思主义作为指导，崇尚真理、求实、务真，树立健康的科技文化，但一些女性科技工作者的追求与科学研究基本价值取向背道而驰，隐性的退却主义的行为突出。

三、性别文化的制约

西方性别文化认为，男性被认为是具有客观理性、独立精神、竞争意识的人，易使用逻辑思维从事科技研究；女性被认为是温和被动、没有竞争性的人，不具备科研所要求的气质。在东方的性别文化中，女性被认为是男性的附庸物，女性被定为"主内"的角色，被排斥于公共生活之外。这样，具有排斥性和歧视性的性别文化会增加发展成本，阻碍科技资源公正配置，增加个人监督成本，塑造有歧视性的制度系统，难以实现科技人才的资源平衡和公正发展。

结合湖北省女性科技人才发展现实，性别文化制约主要体现在：第一，女性自我觉醒意识的缺失。在科技工作中，男性居于强势地位，女性无形之中被定位为弱势方，性别差异被认为是再正常不过的社会分工，这种性别文化观念严重制约了女性在科研工作中主体作用的发挥。有相当部分女性科技人才认为需要为家庭牺牲科研工作，认为自我能力有限，以至于对科研期望值不高，甚至认为她们不合适进行创新型的科研工作。第二，男权主义过重。男性为主导科学研究系统固化，男性被赋予了较高的社会地位和权力。男性认为女性都只能作为男性的副手，科研攻关任务主要是男性努力的结果，女性主要应从事与科研有关的办公、信息收集和其他服务工作。第三，社会对女性作用的过分低估。在第五章中的实证分析中证明了女性科技人才的科研能力是不亚于男性科技人才的，甚至在某些方面小有优势。在 ××× 农科院调查中发现，在科技奖励中，有 87.56% 的奖励给了男性科技者，在国家和省部级科研项目中，有 89.23% 的奖励给了男性主持的项目，女性科技工作者大部分项目为地（厅级），但是该部门中的女性工作者比例达到 35.2%，充分说明了社会对于女性作用的认知存在偏差。

四、教育资源汲取的性别差异

科技人才是指从事或有潜力从事科技活动，有知识、有能力，能够进行创造性劳动，并在科技活动中做出贡献的人员。[1] 要想成为创新型科技人才，需要有一定的学习和教育经历，获取与从事科技工作关联的知识和行动能力。在某种程度上，可以说教育是一种资源分配的过程，教育过程直接产出的是拥有知识和技能的人。拥有较高知识和技能的人被认为应该更多地获取和控制资源，具有更高的社会地位；反过来，被剥夺了教育的权利等于被剥夺了发展的权利。[2]

从行业分布看，女性科技人才多分布在教育、卫生等传统公共部门中，在农业、科技等公共部门分布较少，在一些科研单位和企业中，女性科技人才分布则相对更少，说明了社会所能容纳的女性科技人才的行业和领域有限，即使是分布较多的教育和卫生等行业，对女性也有着较高的学历要求。存在着"社会性别制度（社会性别规范／文化／分工）—教育资源占有（男多女少）—职业地位（男高女低）—经济／社会资源占有（男多女少）—婚姻结构模式（男外女内）—教育／社会／经济资源再取得（男多女少）—社会性别制度"的恶性循环。出于家庭、经济等原因，女性主动退出或是无可奈何地被迫放弃获取受教育的机会成为了第一选择，导致了女性科技人才在获取学历教育、访问学习和进修等教育资源中处于劣势。从教育对于科研工作的贡献看，有着显著的性别差异，科研水平越高，性别差异就越明显，在同样教育水平前提下，即使平等级别的女性科技工作者和男性相比，同样存在着同工不同酬的现象。

五、科研职业的性别隔离

社会网络理论认为：社会网络关系可以极大地影响职业的性别关系，个体周围所处社会关系中，不管是同质关系还是异质关系，对职业有直接而重要的影响。由于同性的共同之处，同质交往更易出现，男性之间更易形成互惠性的利益关系，出于需要，女性更加追求同性交往。非制度化的网络关系使得女性在工作中更喜欢与

---

[1] 周荣. 山西省女性科技人才成长缓慢的原因分析及开发策略探讨 [J]. 中共山西省委党校学报，2005(2).

[2] 杜芳琴，王向贤. 妇女与社会性别研究在中国（1987—2003）[M]. 天津：天津人民出版社，2003：81.

女性交流信息，推而广之会导致职业女性化倾向，女性更愿意在相同行业、领域等从事趋同性工作，反过来又进一步强化职业的性别差异化，造成了科技人力资源市场分布中的性别隔离现象。

从目前看，科研职业的核心话语权主要由男性掌控着。对于女性科技人才而言，如果失去优秀顶尖级的女性科技专家的认同，她们的科研成果不会很容易得到男性专家的认同，反而会受到误解或低估。高端科技人才中女性缺失是不争的事实。据中国女性高峰论坛公布的数据显示：高层次的女性科技人才的比例长期为5%左右，至今没有突破性进展，两院女院士占总人数的5%左右，"973计划"首席女科学家占总人数的4.6%，"863计划"中的女性则是缺位。一项对中国自然科学界中女性的专门研究显示，全国和省级学会女会员占总会员数的1/4，但女会员获得的研究项目却仅占总项目数的1/10。在男性主导的科研工作中，他们之间有普遍性的正式和非正式交流，会形成普遍性的性别互惠，而女性科技工作者数量较少，主持科研项目也少，尤其是对科研拥有权威的高层次科技人才更少，和男性交流机会较少，这些都严重制约了女性科技人才的发展。

六、家庭劳务的女性化

市场经济体制完善需要一个过程，我国社会服务机制不健全导致了家政服务市场发展不成熟，据"中国家庭服务协会"提供的有关家政信息平台数据表明，我国并未构建好一套监督和制约家政市场的机制。我国的家务劳动不能完全由社会中介组织完成，特别是育儿、家庭劳动、赡养老人等只能由家庭成员承担。尽管随着男女平等的基本国策深入贯彻，更多的女性进入了公共领域，但是这并未能根本改变妇女的"主内"角色，女性除了职业女性的角色外，还有繁重的家庭负担，这无疑制约了女性科技工作者的成长。

科研领域的情况也是如此。根据中国科学院教育局和中国管理科学研究院妇女研究中心对女性科技人才相关课题项目的调查显示：在家庭家务分担中，夫妻平均分担的只有36%，多数妻子承担着家务的重担。妻子负担全部家务的占10.4%；妻子负担多、丈夫负担少的占38.6%；丈夫负担多，妻子负责少的占2.1%；丈夫负担全部家务的占0.3%。在本书调查中设计了"导致女性科技人员更换工作的决定要素"问卷，有64.79%的人认为是"工作压力太大、难以兼顾家庭"。繁重的家庭压力使得女性科技工作人员不得放弃科研工作，重心转向以家庭事务为中心的生活，尽管大多数女性科技工作人员并不情愿，都是家庭压力、角色定位使得她们被迫将个人重心转移到科研工作之外的家庭领域。

女性科技工作者既承担了繁重的科研任务，又承担了繁重家庭劳动，她们难以有足够的热情、精力和时间去从事科研，落后于男性就不足为奇。这从另一方面说明了男性并没有承担起应有的家庭责任，男性的家庭责任缺失普遍存在。这就要求女性科技工作者不应有依附男性、依附家庭的意识，要有独立意识，男性科技工作者也应把履行家庭责任看成是两性平等的事业，创造有利于两性成长的工作环境和温馨的家庭氛围。

案例：女性科技人才发展探析

本研究对 Z 科学院、H 大学、L 研究院等女性科技人才较为集中的公共部门进行了问卷调查、深度访谈，结合湖北省知名的女性科技人才成长情况，总结出了女性科技人才的成长规律。

（一）内部因素

1. 高远的志向

古今中外之立大事者，不唯有超世之才，亦必有坚忍不拔之志。已故的郝诒纯和池际尚两位女院士在抗战时就立志解放人类，投身于革命事业，积极加入了中国共产党。中华人民共和国成立后，她们立志知识报国、知识强国，投身于地质学的科学研究之中，无论遇到何种困境都矢志不移，高远的志向成就了她们精彩的人生和事业。在对 H 大学的 ×× 女教授访谈中得知，×× 教授和丈夫在生活上相互扶持，事业上相互激励，遵循"工作上高标准、生活上低要求"的格言。他们尽管生活艰苦，但也其乐融融，始终不放弃科研。20 世纪 80 年代之后，夫妻的事业齐头并进。现如今，×× 教授已经是强电磁工程方向的学科带头人，为国家培育了大批博士、硕士。在 L 研究院的女性人才座谈会中看到，她们动情描述了成才的最大动力是对科研事业的热爱和执著追求，即使在面对外界高薪诱惑和内部工作压力之时，这份信念毫不动摇，表现了新时代女性科技人才志存高远、淡泊名利、专心科研的信念。访谈者曾几次被她们的事迹打动，更为她们高远的科研精神所折服。

2. 浓厚的科研兴趣

女性感性细腻，善于思索生命意义、生命真谛，关心人的健康和生命质量。因而她们的科研兴趣主要定位在生理学、医学和生物学等领域。据中国科学院女院士相关数据显示：将近70%的女院士研究相对集中在生命科学、医学、化学和数学物理学领域，其中，从事生命科学、医学研究的女院士人数达到了14人，占中国科学院女性院士总数的27%。在对Z科学院调研中发现，女性科技人才主要聚集在植物、水生和病毒防治等领域，较少分布在地球物理、岩土力学和工程测量等领域。

3. 执着的科研精神

科研是一项艰巨又高投入的工作，其中蕴含着困难、挫折、风险，甚至是失败，特别是男性主导的科研领域，女性要想成功，不轻言放弃的执着科研精神尤为重要。湖北省的女院士郝诒纯先前是从事历史学研究，后来转为地质学研究，地质研究是户外性很强的工作，需要体力、耐力，更需要有坚定的意志，郝院士克服了野外工作的重重困难，在地质学上获得非凡的成就，也改变了人们观念中的女性不适合地质学研究的错误观念。W专家是某农科院的女专家，她是这样描述她如何面对和处理家庭和事业关系的："我在工作中特别注重与家庭成员、朋友沟通，特别是和丈夫、公公婆婆沟通，他们都能设身处地谅解我。在工作中，把应该完成的工作按时完成，绝不留下尾巴，回到家中尽心做家务，等孩子睡了，自己再打开电脑总结和学习。虽然辛苦，但是能较好完成工作又能照顾家庭，非常欣慰。家庭是感情的归宿，工作是人生动力和追求，我都不会轻言放弃。"这番话演绎出了新时代女性科技人才的智慧和韧性。

4. 性别平等的观念

科研工作本来没有性别差异，只是人为进行区分导致了性别差异与不均衡。在调查中发现，成功的女性科技人才较少受到性别要素影响。在某农科院的W专家和D专家的访谈中得知，她们认为其知识、能力和工作绩效可以与男性相媲美。学习期间，她们的成绩一直优异，工作中，她们也是和男性一样扛着仪器、穿登山鞋、深入山间，开展数据采集、调查。她们说得最多的是："工作没有男女之别，只要你干得好，就没有人去歧视你。"

5. 协调好家庭与事业的关系

能量守恒定律是人类社会发展的基本规律，科研工作也一样。男女的精力都是有限的，所谓超人是不存在的。不重视家庭事务也是不符合文明社会中的人性化理念的，男女性都应该在家庭和事业矛盾中相互宽容、相得益彰，他们都需要在家庭和事业两种角色冲突中寻求平衡。本研究在19位优秀女性科技专家（5位海归人才）

的访谈中得知，她们不但事业卓越，穿着时尚，谈吐文雅，而且都能重视家庭关系。L研究院一位Y女性专家是这样描述的："我是研究所所长，我早上准时去办公室安排各种工作，按照目标落实，然后就去实验室做实验，花一半时间在办公室坐班或开会。如没有特别应酬，坚持晚上回家做饭就餐，和家人聊天、看电视或者集体去公园散步、锻炼。每晚坚持花1~2个小时上网、学习。"她们处理家庭关系有如下成功经验：第一，尽管家庭劳动工作量不同，夫妻都应共同承担家庭事务，都应重视子女的身心教育。第二，慎重处理与公婆父母的关系。当遇到矛盾和分歧时，少与他们计较，尊重他们的思维，尊重他们的辛苦劳动。第三，鼓励子女成才后回国工作，减少女性科技工作者对子女的牵挂。第四，善于利用留学经历。在留学或海外学习期间，因为国外的生育条件要好于国内，尽可能在国外生育子女。在调查中，也发现一些女性专家面临着较大的家庭事务压力，尤其是有"上有老，下有小"的困境，为了给丈夫更多的事业支持，她们往往放弃了机会。成功的女性科技工作者往往能理性处理好事业和家庭的矛盾，她们所用的处理方法，展现了现代女性特有的智慧。

（二）外部要素

1.男女平等的政治环境

男女平等是我国一项基本国策，主要表现为两性发展机会选择的平等和发展资源汲取的平等。我国政府一直从政策设计和实践上致力于推动男女平等事业，联合国第四次世界妇女大会通过了《北京宣言》和《行动纲领》，宣言赋予男女平等更多内涵，在我国政治生活领域中政治权利的男女平等得到了贯彻，为其他领域实现男女平等提供了成功示范。因此，进一步推动男女平等基本国策的贯彻和实施，是保证科技人才实现平衡、平等发展的关键。

2.科技政策的鼎力支持

科技政策特别是科技人才政策是女性科技人才发展的最切实保障。在调查过程中发现，尽管目前没有专门针对女性科技人才的科技政策，但是湖北省在国家有关政策指导下，出台了许多科技政策和科技人才政策，对女性科技人才发展客观上还是起到了激励效果。例如，湖北省教育厅推行的"楚天学者"计划，截至2009年，女性"楚天学者"已有19人，占"楚天学者"总数的7.88%。又例如《湖北省高等学校优秀中青年科技创新团队管理试行办法》推行，截至2008年，女性教育科技人才的总数已达18600人（根据《湖北省教育年鉴》（2005—2009年）计算），年增长率达到了9.90%。

3. 教育资源的汲取

从事科研工作的女性都受过良好的高等教育，特别是女研究生越来越多。教育是科研的基本条件，越来越多的女性科技工作者通过形式多样的教育学习以提高其科研能力。据《中国教育统计年鉴》（1998—2005 年）显示，我国女研究生招生的比例从 1998 年的 33.3% 上升到 2005 年的 45.1%，接近于男性比例，2006 年，女博士的比例也达到了 35.7%。在 Z 科学院座谈中，35 周岁以上的女性科技工作人员有 69.5% 具有大学本科学历，82.71% 的新进女性科技工作人员具有硕士学位，还有 5.63% 的是海归学者。

4. 男性的支持

在科研单位中，男性主导科技系统仍是主流，女性科技人才的发展空间相当大程度取决于男性特别是男性领导的支持度。一些男性领导对女性科技人才的发展相当重视。L 研究院是卫生部的下属单位。该单位大部分工作岗位存在着毒害物质的威胁，该单位领导采取人性方法关爱女性工作者，让怀孕 8 个月的女员工暂时调离岗位，等完成生育后又恢复原职位。这样既保障了女性工作者的利益，又有效贯彻了男女平等政策，在年终考核中，该单位的领导满意度特别高。

5. 良好的社会环境

现代社会是知识经济社会，是开放、包容的社会。政府要充分给予女性科技人才多元的选择机会，大力引进女性科技人才，用好她们，用活她们，而不是人为阻碍其合理流动，要形成一个爱人才、用好人才的社会环境。在调查中发现，湖北省许多公共部门有较为完善的科技人才引进机制，大部分海归的女性科技专家认为国内的科研工作环境与国外没有特别大的差距，且在人性化管理等方面更胜一等，她们不后悔选择回国，非常乐意在国内从事科研工作。

第七章　型塑与再造：构建差异性的 特色科技政策

第一节　价值取向分析

公共政策的价值取向指的是决策者在一定的价值观支配下的公共政策价值分配的利益倾向与选择。[1]公共政策的科学性、民主性都是以其价值考量和价值取向为重要依据的，从科技政策制定、实施、评估等维度来考察，价值考量和价值指向都是一个首要的政策环节。价值取向是科技政策主要内容、整体特征的缩影与写照。

一、科技政策价值取向定位的原则

（一）与国家总政策的目标相一致原则

科技政策是国家政策的一个组成部分，离不开整体的政策目标规定与制约，科技政策的实现目标必须与国家基本政治体制中的政党政策、政治政策、经济政策和社会发展政策等方面的战略目标相匹配，否则科技政策将出现服务对象和方向的模糊，失去社会整体公共政策系统的支持与协作。例如，科技政策政策中的人才发展政策，需要特定的政治、经济、法律、社会和文化、道德等制度相配套，才能真正实现科技政策对人才的激励功能。

---

[1]　赵映诚. 公共政策价值取向研究 [M]. 北京：现代教育出版社，2008：27.

（二）与生产力发展相一致原则

生产力是社会发展的最终决定力量，也决定着科技政策的价值取向。只有有利于生产力水平提高、符合人民根本利益的科技政策才是具有正确的价值取向和绩效收益的科技政策。马克思曾经指出："劳动生产力是由多种情况决定的，其中包括：工人的平均熟练程度，科学的发展水平和它在工艺上应用的程度，生产过程的社会结合，生产资料的规模和效能，以及自然条件。"[1]科技政策与生产力发展相一致原则需注意：是否有利于科技总量的增长和提高；是否有利于最大限度激发科技人才工作的积极性；是否有利于实现科技发展与社会发展、生态环境的平衡与和谐；是否有利于发挥科技资源配置效用的最大化；是否有利于社会整体功能的提升。

（三）与绩效相一致原则

这里所述的绩效是指科技政策获得组织效能和社会效益与科技政策实施所耗费资源的比率，它是数量与质量、手段与目标、效率和效能的统一，是科技政策实施的综合成果，包括政治绩效、经济绩效、社会绩效和文化绩效。科技政策的价值取向要把对政治、经济、社会、文化和科技发展等方面的贡献放在重要位置，以能否全面实现各项绩效来确定科技政策的价值取向。因此，制定的科技政策必须有利于促进科技的发展，实现科技与生产力、科技与社会相结合的全面绩效。

（四）短期成效与长远规划相一致原则

短期成效是指科技政策在短期运行中的溢出效益，它反映了在科技政策实施中提升政策主体与客体的信心和支持程度，近期内必须实现的成效。长远规划是指与科技政策发展相关的长期、全局性、根本性的重大谋划，要求在科技政策的制定、实施、评估等环节中需要有技巧性艺术性定位政策目标。在科技政策各阶段中，应把长远规划分解成若干阶段性的短期目标，通过阶段性短期目标实现，最终为长远规划的全面实现奠定基础。

科技政策是国家政策的有机组成部分，它涉及与科技人才成长相关的科技人才政策、科技投入政策、科技创新政策、科技配套政策等。科技政策应该具有什么样

---

[1]　马克思恩格斯选集（第2卷）[M]．北京：人民出版社，1995：18.

的价值取向，通过上述几章对我国科技政策、湖北省科技政策的沿袭探析，以及对科技政策对湖北省女性科技人才发展绩效的分析看，笔者认为当代我国科技政策的价值取向应包含如下内容。

1. 社会公平的价值取向

社会公平就是社会的政治利益、经济利益和其他利益在全体社会成员之间合理的分配。[1] 社会公正是由社会制度、社会公平环境等构成客观要素与行为主体主观体验和评价等主观要素共同决定的。在所有的社会公平中，制度公平是首位的，"在机会平等公平的条件下，职位和地位向所有人开放"[2]，"确保一种参与、影响政治过程的公平机会，而且要让最少受惠的社会成员获得最大的利益"。[3] 社会公平是社会主义的本质体现，是我国主流价值观的核心体现，是科学发展观的重要尺度，是中国共产党执政和政府行政的立足点，是当前建设小康社会的基础。"立党为公，执政为民""以人为本，执政为民"就是执政党对于社会公平思想的精髓论述，社会公平成为新时期我国公共政策的指导思想。

科技政策是科技事业发展中的公共利益维护者，社会公平的制度保障者。科技政策的价值取向贯穿于政策生命各环节中。首先，把营造公平竞争的科技环境和社会环境作为科技政策的价值取向，实现效率、效益、效能相统一的发展思路，尽可能满足不同地区、行业、组织等对于女性科技人才的要求，满足女性科技人才的合理诉求，平衡国家、集体和个人利益。其次，将公平正义贯穿于科技政策各环节中，通过科技政策的规范、约束和平衡等方式，实现科技政策在执行、协调、监督、评估等环节中的公平至上原则。否则"公共政策不承认、不促进效率，就会丧失其有效性、权威性；不维护、不保障社会公平，社会成员就会抵制它，公共政策会失去存在的基本价值，更难以得到有效执行"[4]。最后，要合理调节科技资源在再分配过程中的利益差异，地方政府、部门在制定科技人才政策与实施过程中，要给予女性科技人才发展足够的政策倾斜和人文关怀。

---

[1] 樊蕾. 当代中国公共政策价值取向研究：演进轨迹与发展逻辑 [D]. 太原：山西大学，2010.

[2] 罗尔斯. 正义论 [M]. 何怀宏，译. 北京：中国社会科学出版社，1988：79.

[3] 丁煌. 西方行政学说史 [M]. 武汉：武汉大学出版社，2004：311.

[4] 王洛忠，安然. 论市场经济条件下公共政策的主要价值取向 [J]. 行政论坛，2000(3).

2. 促进人全面发展的价值取向

哈罗德·拉斯韦尔认为，公共政策主要关注的是社会发展中人的基本问题。俞可平认为，政府决策的基本目标就是满足人们的需要，增进他们的福祉。由此，公共政策要解决的问题是和与人发展相关的公共问题，解决人的需求问题。"一方面从问题产生到解决的整个过程都围绕着人的需要进行，离开人的需要，政策活动将失去动力难以为继；另一方面通过公共政策解决社会公共问题是政府的基本职责所在，否则政府将失去其存在的权威性和合法性。"[1]公共政策离开了人和人的发展去空谈社会问题和公共问题，将是毫无价值，只能导致公共政策脱离实际，沦为权力游戏，最终损害整体和长远利益，公共政策失败不可避免。因此，公共政策的终极目标是实现人的全面发展，实现人与人的和谐发展，当然包括了性别和谐发展。

科技政策促进人全面发展的价值取向，集中表现为以人为本的价值理念。促进人全面发展的价值取向要求在科技政策系统中做到：第一，提高科技人才特别是女性科技人才的科研能力，确保男女科技人才在科研道路选择上的机会均等、权利均等和结果均等。第二，构建促进人全面发展的机制。通过均等化的服务机制供给，形成有利于男女科技人才的共同发展机会，缩小地域、行业和部门之间的女性科技人才分配不均，遏制科技人才聚集的马太效应，多层次、多机制促进公平机制构建，为女性科技人才的全面发展提供良好的机制。第三，提升科技的贡献率，为科技人才的全面发展提供必要的物质支撑。科技人才发展需要的激励，包括各种科技投入和科技奖励。这些不仅取决于雄厚的经济资本，还取决于科技对于市场、社会的贡献率，只有形成良好的市场化和社会化的科研体系，才能"有助于改善劳动力市场运行效率，合理配置资源。这些都为经济可持续发展发挥积极的促进作用，从而间接地为人的全面发展提供坚实的物质基础"。

3. 自主创新的价值取向

习近平总书记指出："创新是引领发展的第一动力"，"惟创新者进，惟创新者强，惟创新者胜"，"创新是多方面的，包括理论创新、体制创新、制度创新、人才创新等，但科技创新地位和作用十分显要"。自主创新是当代中国科技发展的核心与灵魂，是提升我国综合国力的法宝，如果没有科技的自主创新，科技事业就失去了长远的动力，一个科技工作者乃至一个民族将处于落后境地，面临淘汰威胁。"北斗""嫦

---

[1]　孙建军. 我国基本公共服务均等化供给政策研究 [D]. 杭州：浙江大学，2010.

娥""快堆""蛟龙"等高科技项目发展无不闪烁着众多科技人才自主创新的光芒。《国家中长期科学和技术发展规划纲要（2006—2020年）》指出，今后15年科技工作的指导方针之一是自主创新。自主创新意味着科技工作者要独立按照科学规律进行科研，不受外部负面干扰，要善于吸收和借鉴外部科技成果。

科技政策要突出自主创新的价值取向需要做到：第一，要强化女性科技人才原始创新能力。女性科技人才在创新过程中要秉持女性的品格，抛弃"女性不合适搞科研"观念，敢于对市场化和社会化程度较高的项目进行扎实的科研工作，又要善于学习外来优秀成果，积极去海外学习。第二，要强化女性科技人才的集成创新能力。女性科技人才要从研究兴趣、特长、现有研究成果出发，结合部门实际情况，立足于科技环境，形成优势互补的动态创新体系。第三，要突出女性科技人才的消化、吸收和再创新等综合能力的格局。女性要发挥自身优势，从简单日常办公工作走出来，要善于内化科研成果，实施跨部门、区域的科技成果共享，突破性别鸿沟，提升女性科技人才整体科研创新能力。

4. 社会性别意识的价值取向

公共政策的核心功能是通过利益选择、利益整合、利益配置来实现和平衡各种利益。在这个过程之中，公共政策须公正地保障社会成员享有生存权和发展权等权利。从社会性别视角审视公共政策，如果公共政策凸显社会性别意识和差别，将有效促进社会平等与和谐的发展，一旦形成了社会性别视角，就会将某些领域中的性别问题和性别对策凸现出来。[1]2001年开始，我国的经济与社会发展规划就明确规定把妇女发展纳入评估指标，《中国妇女发展纲要（2011—2020年）》明确提出将社会性别意识纳入法律体系和公共政策体系之中。社会性别主流化是："把性别问题纳入主流是一个过程，它对任何领域各个层面上的任何一个计划行动，包括立法、政策或项目计划对妇女和男人产生的影响进行分析。它是一个战略，把妇女和男人的关注、经历作为在政治、经济和社会各领域中设计、执行、跟踪、评估政策和项目计划的不可分割的一部分来考虑，以使妇女和男人能平等受益，不平等不再延续下去。它的最终目的是达到社会性别平等。"[2]

从上述几章分析看，我国女性科技人才发展不平衡的主要原因是科技政策的制

---

[1] 谢志强，李慧英. 社会政策概论 [M]. 北京：中国水利水电出版社，2005：247.

[2] 托马斯. 公共决策中的公民参与——公共管理者的新技能与新策略 [M]. 北京：中国人民大学出版社，2005：76.

定、实施、评估等环节缺乏社会性别意识，导致女性科技人才在行业、部门和性别等分配上的不平衡。要扭转这一现实，实现女性科技人才的平衡和效率的配置，必须将性别平等意识根植于政策主体的思想观念之中，根植于科技政策的各个领域，实现科技政策的社会性别意识化。首先，将性别意识纳入科技决策制定、执行、评估等各环节中。科技政策要能充分体现出男女差异性。其次，加强领导层的社会性别意识。在现代民主社会中，决策越来越受制于自下而上的社会权力，但这还不足以起到决定性的影响，因为决策者在政策制定和实施中，会有相当的机会和空间去积极塑造政策的作用和方向。[1] 要通过倡导、游说、示范、感化等多种方法影响男性决策层，使得男性领导树立关爱女性科技人才的观念，进而积极影响其科技决策。同时要提高科技政策决策层中的女性比例，提高女性在科技决策中的话语权，使她们真正成为科技政策的决策者、参与者和受益者。最后，建立性别平等监控指标体系。从科技人才政策中的准入机制、培育机制、激励机制和更新机制等方面凸显女性维度，实施向女性倾斜的科技人才政策，建立一套可操作、性别平等的科技政策监控指标，以此作为决策部门、领导干部和执行者实施目标管理和考核的重要标准，以促进科技政策领域中的性别平等真正实现。

第二节　协商民主和合作网络治理：科技政策的政治可行性

一、协商民主：科技政策制定的基础

学者们对于协商民主的研究始于 20 世纪 80 年代。毕塞特在《协商民主：共和政府的多数原则》论文中首次使用"协商民主"，他认为协商民主是一种投票规则改进下的民主实现方式。自此，协商民主的研究得到了学者们的热捧，并形成了不同派别和理论观点。埃尔斯特的《民主：挑战与反思》（1997）、登特里维斯的《作为公共协商的民主：新的视角》（2002）、菲什金和拉斯莱特的《协商民主论争》等著作中对协商民主的概念、内涵、特征、功能和实现方式等问题进行了深入研究。对协商民主研究贡献最大的是罗尔斯和哈贝马斯。当然，学术界对于协商民主的内

---

[1] "在国际劳工组织成员中提高社会性别主流化能力"中国项目组. 提高社会性别主流化能力指导手册 [M]. 北京：中国社会出版社，2004：57.

涵一直处于争议之中，"如果你试图理解协商民主，那么，你定会立刻给协商民主下个定义，但因此你也就陷入了应该怎样准确理解它的争论之中"[1]。从20世纪80年代以来的研究看，协商民主有如下基本内涵：

第一，协商民主是一种政府的民主治理方式。[2] 首先，它是对自由主义下民主制度的修正与完善。毕赛特就是在对美国精英主义下的代议民主制的困境考量后提出了协商民主思想，他认为美国的真正民主就是实现"人民主权原则"和成为"尊重多数并保护少数的大众政府"。罗尔斯在《公共理性观念再探》一文中指出，良好的民主应被理解为协商民主，包括公共理性观念、民主制度架构和公民参与民主的意愿与能力。其次，它是一种新型的程序主义民主。协商民主是以程序追求公民协商至上进而达成共同利益和形成普遍性的共识，虽然它有纯粹程序主义民主的等级传递特征，但它更多关注会导致民主结果的公正。"民主程序建立起实用性考虑、妥协、自我理解性商谈和正义性商谈之间的内在关联，并为这样一个假定提供了基础：只要相对信息的流动和对这种信息的恰当处理没有受到阻塞，就可以得到合理或公平的结果。"[3] 再次，协商民主又是一种民主治理方式。瓦拉德兹认为："协商民主能够有效回应文化间对话和多元文化社会认知度某些核心问题。它尤其强调对于公共利益的责任、促进政治话语的相互理解、辨别所有政治意愿，以及支持那些重视所有人需求与利益的具有集体约束力的政策。"[4]

第二，协商民主是一种公共性较强的民主方式。首先，它强调了公民参与的平等性，政府、社会、市场和公民等相关利益主体通过对话、审议和协商等形式达成具有利益平衡的决策共识。正如："所有人都有权质疑协商的主题，所有人都有权对对话程序的规则及其应用或执行方式提出反思性论证。对对话的议程或参与者的身份没有明显的限制标准，只要被排斥的个人或群体能正当地表明他们将受到正在讨论的规范的影响。"[5] 其次，它能最大限度实现公共利益。协商者都是由公共参与意识和能力较强的主体组成，他们有突出的公共利益观念和公共责任感，能超越

[1] 费伦. 协商民主 [M]. 上海：上海三联书店，2004：1.

[2] 聂鑫. 协商民主理论视野下的公共决策问题研究 [D]. 长春：吉林大学，2009.

[3] 哈贝马斯. 在事实与规范之间 [M]. 童世骏，译. 上海：上海三联书店，2003：369.

[4] 瓦拉德兹. 协商民主 [J]. 何莉，译. 马克思主义与现实，2004(3).

[5] 本哈比. 民主与差异：挑战政治的边界 [M]. 黄相怀，等译. 北京：中央编译出版社，2009：6.

自身利益局限转而以公共利益实现为参与目标，公共利益的实现是协商民主理论的精髓。

第三，协商民主是一种包容与互惠的民主机制。协商民主具有包容理念，"协商民主必须包容多样性和不同的声音，不能以是否符合特定的表达形式，或者以是否符合理性的要求而被排除在外。没有任何人主宰讨论的过程，或强制他人接受或拒绝一种意见，他们可以用自己的方式，表达利益、需求和立场，而不会因为缺乏适当的表达形式和知识而被排除在外"[1]。互惠是协商民主的核心内容，利益相关者可从不同立场表达利益诉求，这实际就是一种试图向他人证明的愿望过程，即使是在讨价过程中无法实现意见一致性，也可以多数决定准则进行决策，无法达成意见一致性的问题并不会被无限搁置，它只是为未来的对话和协商留有了足够的解决平台与时机。

二、协商式民主对科技政策的意义

（一）提高科技政策决策质量

我国科技政策是传统的政治精英与科技精英共同决定下形成的制度体系，科技法规、科技战略规划、科技政策和科技方案大多是由这些精英共同决定的。精英的主观意愿是科技政策制定的出发点，他们往往易于从自身的价值偏好出发制定科技政策，形成对科技政策制定强力的控制，公众包括科技人才参与制定政策的缺失，导致科技政策未能全面有效激励科技人才的成长与发展，未能有效平衡部门、行业等利益，真正促使科技政策适应生产力发展。《全民科学素质行动计划纲要》（2006）中提出：公民是科技建设的参与者和收益者，需要采用有效方式充分调动他们的积极性参与科技政策制定，以实现尊重知识、尊重人才的良好格局。因此，打破科技政策制定的精英垄断，实现科技政策制定的民主化是当前科技政策的主要任务。而协商民主中的协商性决策模式恰对其有着破冰之价值。协商民主模式鼓励公民以直接、间接方式参与科技政策制定，协商民主模式能实现包容与互惠的民主机制，各

[1]　登特里维斯. 作为公共协商的民主——新的视角 [M]. 王英津，等译. 北京：中央编译出版社，2006：146.

143

类利益主体能充分表达意愿，又能理性平衡其利益，这样占大多数人的公民的利益更易得到表达和纳入决策之中，打破传统少数精英对科技政策制定的垄断格局。协商性决策模式还有通过规范参与程序、公民听证等协商形式使得公众最大限度参与科技制定，抵制科技政策"隐蔽议程"，打破科技政策"隐蔽"的问题，最终形成的科技决策具备民主性与科学性，提高了科技政策决策的质量。

（二）形塑科技政策执行效果

我国科技政策执行难、执行失灵现象时有存在，归结起来有如下类型：抵触型执行：科技政策主体出于狭隘利益追逐，采取各种手段拒绝执行。僵化型执行：科技政策执行主体因思维方法僵化、工作机制滞后盲目地执行科技政策内容。滞后型执行：由于观念落后于现实发展，对科技政策执行犹豫不决，失去政策最佳收益时机。折扣型执行：科技政策执行主体从局部利益出发，对有利的政策就执行，对不利的政策就规避。结构型执行：科技政策执行机关与各部门、执行人员在分工合作过程中发生误会、矛盾及不协调而导致科技政策执行失败或中断的现象。[1] 科技政策执行难、效果欠佳的原因在很大程度上在于科技政策系统的封闭性，科技政策执行系统未能与社会、公众形成良性互动，未能及时回应外部需求。协商性决策模式恰能弥补上述缺陷。首先，协商性决策模式要求公开科技政策执行情况，随时接受民众监督和评议，纠正科技政策执行违背民意的现象。其次，协商性决策模式要求在科技政策执行中实现公民和政策执行主体的互动，通过平等的监督和协商机制，保持科技政策运行畅通。最后，协商性决策模式中的制约机制可以规定科技政策执行主体的责任，以惩戒方式去纠正科技政策执行中的失灵。

（三）培养科技政策执行主体的责任感和执行美德

相比其他政策，科技政策执行就需要较高素质的执行主体。目前，一些执行人员素质不高，责任感和执行美德有所缺失，政治观念淡薄，理解和行为倾向偏移，工作积极性不高等。"有些高校学者没有完全理解科技投入政策或者迫于实际压力不能很好地执行，比如在科学基金管理方面高校普遍存在着马太效应，一些高资历

---

[1] 娄成武，顾爱华. 论我国科技政策执行问题 [J]. 辽宁行政学院学报，2005(4).

的学者到处申请科研计划，在拿到资助经费后就组织级别较低的科研人员进行论文撰写。无法充分利用国家的科研资源，造成国家人才资源更新的滞后性。"[1] 协商民主模式将在如下方面培养科技政策执行主体的责任感和执行美德。首先，协商性民主模式要求利益主体平等参与协商，充分听从对方意见，意见各方要相互理解与尊重，这极大有利于增强科技政策执行主体的责任意识，自愿地遵守社会道德规范和执行美德。其次，协商性民主模式要求公民参与到科技政策执行系统中来，"提供协商过程中所有人都能接受的理由；倾听并真诚回应他人的理由和观点；尽力达成所有人都能接受的意见"[2]。这将有力促使科技政策执行主体树立社会集体责任意识，使他们认识到只有承担好社会集体责任，才能实现公共利益和部门利益。最后，协商性民主模式鼓励科技政策执行主体和民众实施对话，使得科技政策执行主体习惯于不断接受社会监督，了解民情，体察民意，树立科技执行主体的责任感和实现以民生为本的执行美德。

（四）提升女性科技人才的参政能力和道德素养

随着科技影响日益深入，对科技发展引发的社会后果和生态后果的预测难度增大，这要求要重视科技人才对科技决策的知情权、参与权和选择权，增强认识预见与应对科技政策调整的能力。在科技决策中，决策权基本是以男性为核心，男性的角色、能力和行为风格使得他们更易于得到男性科技共同体的认可。尽管目前女性科技人才发展得到了较大改观，但女性人才的科研能力和成就相对弱化，获取发展的资源和支持也相对少，她们对科技决策的影响还处于非核心的地位。而协商性民主模式可以提升女性科技人才的参政能力和道德素养。女性科技人才以"公共影响声明"机制表达自己意志，影响科技政策制定，监督行政机关的科技政策实施，又可以和政府官员接触，提高她们的参政能力。同时，通过参政过程，使得女性科技人才认识到她们的利益的表达和实现必须依托共善机制才能实现，塑造和提升女性科技人才德行，纠正不良的情绪和偏执态度，使得她们成为造福于社会的女性科技人才。科技协商性民主参与同时也是权力行使的过程，通过这样的行为，使之认识

---

[1] 杨洋. 科技政策执行力初探 [D]. 太原：山西大学，2010.

[2] 费斯廷斯泰因. 协商、公民权与认同 [M]. 王英津，等译. 北京：中央编译出版社，2006：42.

到他们必须有为科技负责、为社会负责的态度，这同样也是真正的德行与品性。[1]

三、加强科技政策执行过程中的协商

协商民主的核心内涵就是公共协商和对话，它强调在科技政策执行过程中以协商方式缩短决策人员之间的距离，纠正信息不对称，保证科技决策执行的客观性和科学性。"协商民主更像是公共论坛而不是竞争的市场，在协商民主模式中，民主决策是平等公民之间理性公共讨论的结果。正是通过追求实现理解的交流来寻求合理的替代，并做出合法决策。"[2] 首先，构建公共部门与科技人才之间的沟通机制。由于传统的观念和体制影响，公共部门负责制定科技人才政策，单向规定科技人才成长与发展的模式，公共部门与科技人才之间缺少必要的协商和对话，公共部门难以真正知晓各方的实际需要，一些政策脱离了实际，造成科技政策难以获得科技人才尤其女性科技人才的认同，一些科技政策难以推行，造成公共部门与科技人才出现了不信任状态。协商民主模式要求加强公共部门与科技人才之间的对话与交流，任何科技人才政策制定必须去科技人才中进行调查、论证和设计政策方案，政策方案需符合大多数科技人才的真实意愿。其次，构建群策群力的决策机制。尽管目前在一些科技政策制定、实施中有公共部门和科技人才共同参与，但二者拥有权力不同，导致了他们在科技决策中影响大相径庭。公共部门在科技政策的价值取向选择、基本制度安排等方面起决定性作用，科技人才主要把他们的真实需求反映给公共部门，以便进行带有差异性的决策。女性科技人才通过提升她们的参政能力，不断表达她们的一般需求和特殊的性别需要，以便能制定出体现性别平等和有性别差异维度的科技人才政策。最后，塑造良好的公共合作精神。公共部门与科技人才应相互了解对方的价值，缩小认识差异，寻求合作，达成彼此都能接受的科技人才政策。公共部门应改变其作为科技政策定制、发布和执行者的角色定位，公共部门同时要成为科技人才意见的倾听者和信息的沟通者，女性科技人才也应少怨天尤人，积极参与科技人才政策执行，形成互动系统，涵养出公共合作精神。

---

[1] 林国明，陈东升. 公民会议与审议式民主：全民健保的公民参与经验 [J]. 台湾社会学，2003(6).

[2] 亨德里克斯. 公民社会与协商民主 [M]// 陈家刚，选编. 郝文杰，许星剑，译. 协商民主. 上海：上海三联书店，2004：125.

四、健全科技政策过程中的制度安排

科技人才政策制度安排包括科技政策听证制度、科技政策责任制度、科技政策咨询制度、科技政策公开制度等。结合科技人才政策的特点，在此只论述科技政策听证制度和科技政策责任制度。

"决策听证制度是中国政府目前正在积极推行的一种民主决策制度，它首先将与决策相关的具体内容进行公开明示，然后邀请相关团体、公民与专家进行咨询、协商与辩论，将民主咨询与民主监督合二为一，既保证决策结果符合民意，又起到了对决策过程的监督作用。"[1]20世纪90年代以来，我国一些公共政策领域就推行了听证制度，多为在涉及民众基本生活的公共决策领域中，但"听而不证""御用论证"等形式主义大量存在。而在科技政策领域中，基本没有开展有效的听证制度。在此，协商民主理论中的决策程序性和包容性的思想，可以应用到我国科技政策中进行听证制度安排。一方面，可以循序渐进地放开科技人才和社会民众的听证资格，有针对性地吸收他们具有建设性的意见，保证科技政策既能体现社会发展需要，又能体现科技人才和女性科技人才的意愿，这体现了协商民主理论中的包容性要求。同时，可以将科技政策的听证以正式制度的形式固定下来，作为科技政策制定的必要环节，严格执行听证程序，这体现了协商民主理论中的程序性要求。协商民主理论认为：在公共政策中，参与决策主体之间有平等影响政策议题的权利，他们所有合理的诉求都能体现于政策之中，多数公共政策被认为是全体同意下的平等。同时，公共政策必须体现出公共责任。

因此，可以利用与协商民主理论有关的决策权利与责任相统一的思想进行科技政策责任的制度安排。一方面，将科技政策方案、决策过程置于社会监督之下，将政策主体置于社会监督之下，接受包括科技人才在内的对于科技政策的各种意见。另一方面，强化责任追究制度。对于科技政策制定和实施中出现的重大失误实施处罚，对没有达到科技政策对于人才激励效果的政策执行者应给以处罚，对实施变相的性别歧视行为应给以惩戒。

---

[1]　聂鑫. 协商民主理论视野中的公共决策问题研究 [D]. 长春：吉林大学，2009.

五、完善科技政策评估的制度安排

不只是制定政策，政策评估也是公共政策生命周期的重要部分，它既是现行政策运行绩效的总结，又是新政策的起点。协商民主中平等、协商和绩效思想可作为政策评估的理念，协商民主下的政策评估可以保证所有利益主体参与政策评估，保证政策绩效完整性和合理性。在科技政策评估中，要以科技人才是否满意作为评估的主要标准。首先，应该把广大科技人才尤其是中青年科技人才积极纳入评估主体之中，因为他们对于科技人才政策最具有发言权，重视他们的意见能使评估结果趋向于客观。其次，应该把企业和社会组织纳入科技政策评估主体之中，科技政策广泛存在于社会各个领域中，公共部门是官方组织，他们受制于政策制定者的影响，很难进行独立客观性评估。企业和社会组织是非官方的组织，具有较好的独立性和客观性，可以避免顾及政策制定者的影响。最后，要制定出科学的科技人才政策的评估标准，该标准应能充分体现公正性、回应性和责任性，将女性科技人才发展指标纳入科技政策评估之中，充分反映出科技政策承担公共责任和维护公共利益的功能。

第三节　逐步改变型模式：科技政策的制度安排

一、纵向政府间关系的科技政策安排

由于科技人才政策是以实现科技人才均衡发展下的公共利益为宗旨的，客观上看，公共利益之外也存在着集体利益、行业利益、部门利益和个体利益等，这些利益交集在一起构成了复杂的责任和权利分配问题，这种关系而形成的制度安排集中表现为处理好纵向政府间关系。

从全国整体看来，各级政府的根本利益都是一致的，都是执政党领导下管理行政事务的机构，都代表着人民利益，为人民服务。另一方面，由于各地经济、文化和社会管理等差异性，地方政府在科技政策执行中，有着地方特殊利益，不能完全地不打折扣地执行上级科技政策，这也不符合马克思主义中的实事求是工作路线。从中央与湖北省科技政策的协调性看，二者在科技政策的环境、科技政策重点与科技政策方向上保持着高度的一致性，都注重培养创新型人才，构建科技人才的可持续发展的道路。然而，在某些政策安排上却存在着一定差异，"两者的不协调则主要集中在地方科技政策关于人才奖励和项目资助上。目前，各地科技政策的主要内容是关于科技人员的奖励、招牌留学人员、经费赞助等，这种地方性科技政策之间形成了一种'挖墙脚'的恶性竞争，把贫困地区、相对不发达地区的人才挖到富裕地区，这更造成贫困地区人才的不足和地区经济发展的滞后，影响区域经济的发展"[1]。

本书认为，我国是中央集权的国家，中央政府负责制定全国性的科技政策，协调好全国科技人才的整体布局，对各地科技政策制定和地方政府管理都有直接的制约力，各地方的科技人才政策要与中央的科技人才政策相协调。同时，由于我国政治权力结构的复杂性、经济社会发展非均衡性，在地方科技政策制定与实施中，应适当分权制，各地方政府可因地制宜制定本区域范围内的科技政策，积极地进行制度创新，让科技更好地为地方经济建设服务。纵向政府间关系的科技政策合理安排取决于中央政府和地方政府共同形成的制度规范和创新的合力，具体到女性科技人才政策下进行制度安排而言：

第一，在制度供给上，深化中央与地方之间的科技投资机制。财政科技投入是建设创新型社会，提高女性科技人才的创新能力，有效激励她们创新的重要经济手段。要明确中央政府、科技部与地方政府、科技部门的投资界限，明确各方投资领域、重点、范围，避免重复使用和浪费。中央政府和科技部的科技投入应集中在战略性、基础性、前瞻性、公益性的基础研究、高新技术和科技服务等领域。地方政府要重点投入有利于提升区域性科技竞争力的领域，特别是有利于女性科技人才成长的科技成果创新与转化、二次技术开发等领域。

第二，建立起科学的科技人才政策的绩效评估机制。在"发展主义"的价值取向下，经济利益往往成为了绩效评估的核心指标，一些地方政府及部门通过短期的经济效益换取政治利益，一些地方政府及部门在科技人才的政策制定和执行中出现功利性行为、地方主义、部门主义，导致了女性科技人才发展不平衡。因此，必须通过科学指标体系，规范地方政府及部门的行为模式，真正推动女性科技人才的平衡和公正发展。

---

[1]　管书华. 科技政策制定与评价的研究 [D]. 武汉：武汉理工大学，2004.

本书认为，建立起科学的科技政策绩效评估机制应有如下要求：评估指标体系要着眼于历史与地方科技发展的实际，可以把国家法律的宏观目标，科技政策中的中观、微观目标和女性科技人才发展整体情况联系起来，设定综合的指标体系，注意科技发展与地方经济发展相联系，硬性指标和柔性指标相结合。

二、横向府际关系的科技政策安排

新制度主义认为：交易双方通过直接交易，效率最高，如果有第三方介入，会增加交易成本，增加交易难度。地方政府作为中央政府的派出机关，其管理如果全部通过中央政府直接许可进行，将会增加管理成本、管理难度，实际上也是行不通的。埃莉诺·奥斯特罗姆认为："在一定的自然条件下，面临公用地两难处境的人们，可以确定他们自己的体制安排，来改变他们所处的情况的结构。"[1] 对于科技政策制定、实施中开展横向政府合作关系主要基于以下两点：其一，中央政府远离地方政府，科技政策在自上而下体系中运行，执行动力强度将愈来愈低，地方政府能很好了解科技人才在各地分布情况，易于打破人才垄断、不平衡的格局。其二，地方政府作为地方事务治理的主体，具有大力发展科技人才和推动本区域内经济发展的动力，地方政府之间更有利于开展合作，这大大激发了地方政府横向府际关系构建的可能与现实。府际关系包括中央政府与地方政府之间、上下级地方政府之间的纵向垂直关系，以及互不隶属的地方政府之间、政府内部不同权力机关间的横向网络关系。有效开展政府府际关系可以打破政府在公共事务管理的层级观念，有效开展科技人力资源的开发与区域合作，能够有效处理政府在科技人才管理中存在的竞争问题，实现科技人才协调型的区域发展。[2] 本书在此所述的府际关系主要是指横向的互不隶属的地方政府之间、政府内部进行的横向网络关系。

第一，设置横向府际关系之间有关科技政策安排的协调机构。其职能为：统一规划本区域内的科技政策和科技人才发展政策；组织和协调跨部门、跨行业的科技人力资源开发、流动；制定统一的科技人才政策，负责监督规划、政策执行情况；协调中央政府、地方政府之间、上下政府、政府内部中的科技人才政策，实现整体

[1] 奥斯特罗姆. 制度分析与发展的反思——问题与抉择 [M]. 王诚，等译. 北京：商务印书馆，1996：98、99.

[2] 尹红，钟书华. 国内外府际科技共建比较与完善 [J]. 科技进步与对策，2010(4).

规划与局部规划的有机协调。

第二，建立一套符合横向府际关系的协调机制。横向府际关系的主体具有复杂性和多元性，有垂直的，有平行的，甚至还有隶属的，要实现共同利益最优化和共享化，需要建立以协商和对话为主体的协调机制，这样可以充分动员各层级政府广泛参与到科技人才政策制定和执行中来，增强公共部门的科技人才的整体优势，纠正女性科技人才分布不均问题。

横向府际关系的科技政策安排构建中需要明确几个问题：其一，府际科技政策共建是一种跨区域和跨部门的关系，涉及管理模式是多样复杂的，即使有着不同体制和利益多元化，最终都要求科技人才政策均衡好各政府及其部门的关系。其二，府际科技政策共建是在合作导向下互惠的关系模式，不是"公用地灾难"和"囚徒博弈困境"。其三，府际科技政策共建的核心是"坚持中央和地方合作共建，既保证中央政府对共建全局的把握，又在适度分权中发挥地方政府的积极性，探索各区域共建的具体路径"[1]。

三、社会关系的制度安排

"尽管政府在推动社会朝某个方向发展的过程中是重要的参与者，但事实上已经成为另一种意义上的参与政府与私人的或者非营利的群体和组织协同行动。"[2] 女性科技人才发展较大的阻力来自繁重的家务劳动，其花费了女性科技人才大量的时间与精力，影响了她们的健康和科研灵感，以至于她们和男性科技工作者相比处于劣势。因此，构建家务劳动的社会化体系有助于女性科技工作者从繁重的家务劳动中解脱，也为科技政策实施创造良好的社会环境。在此仅从有关家务劳动社会化的制度设计角度分析。第一，规范家政服务的立法。立法需明确家政服务的管理机关、管理权，明确家政服务中介机关的条件、职责、权利和义务，明确家政服务从业人员的基本条件、权利和承担的责任。第二，建立以社区为载体的家政服务体系。第三，加强政府的管理。对于有较强经济效益和社会效益的家政服务给予政策、资金、技术上的重点支持。

---

[1]　周婷. 长江上游经济带与生态屏障共建研究 [D]. 成都：四川大学，2007.

[2]　丹哈特，等. 新公共服务：服务而不是掌舵 [J]. 刘俊生，译. 中国行政管理，2002：100.

四、性别维度的科技政策安排

（一）提高认识，将社会性别意识纳入科技决策主流

我国已将男女平等作为基本国策，这为女性在社会资源吸取和事业发展机会获得上提供了可靠保障，但是社会性别主流化是一个渐进而又漫长的过程，需要政府、社会和其他组织的共同努力，其关键在于公共政策能体现出性别敏感度，因为公共政策对于社会资源配置有导向、控制和调配等功能。为了大力开发女性科技人才资源，制定出有针对性的女性人才政策已成为国际社会潮流，法国、西班牙、荷兰、比利时和意大利等都有性别配额法案。本研究收集的湖北省公共部门的科技人才政策中，几乎没有专门针对女性科技人才发展的政策。在未来人才规划中应按照前瞻性、整体性、可操作性的原则，将性别意识纳入科技决策系统中，充分重视女性科技人才在经济社会发展中的作用，营造一种"用女性，依赖女性"的氛围。同时，妇联组织可以开展社会性别意识培训，让妇联组织在实现社会性别主流化中充当起推动者、监督者的角色，起到催化剂的作用。

（二）增加科技统计中的社会性别统计，检测社会性别平等发展水平

在本研究调查中发现，在宏观、中观、微观层面的科技统计政策中，没有任何具有性别统计对比数据的分类，未能清晰有效地区分女性科技人才发展情况，无法监测女性科技人才发展中的核心质量指标。性别统计的缺失，将会大大埋没她们对科技的实际贡献程度，政府也无法为她们提供更多的支持和保护。因此，在未来科技人才统计政策中，需要增加社会性别统计，这种社会性别统计应是"统计指标和统计变量，描述、分析和测评女性和男性的社会参与、贡献及社会性别差异，为社会特别是政府决策提供数据及事实的定量研究的科学理论与方法"[1]。

（三）完善管理，创新女性科技人才机制

从科技人才准入机制看，需改变人为提高女性的准入门槛，突出以"学历""职

---

[1] 曾一帆，刘筱红. 社会性别统计初探 [J]. 统计与决策，2007(17).

称""能力"等为基本准入门槛，招纳更多的创新型女性科技人才。从激励机制看，应建立起有助于女性科技人才发展的激励措施，对在边远地区、艰苦行业从事科研的女性科技人才，可适当提高其劳动报酬和津贴，对在科研成果创新和实用价值推广方面有突出贡献的女性科技人才可实施"优秀女性科技人才奖"。从人才职称评估机制看，在年龄、科技贡献度、学历等方面实施性别差异性评选机制，从政策和法律角度确保女性在生育和社会方面做出巨大贡献后获得承认和关怀，使得更多女性科技人才跨入高级专业技术职称的行列，解决高层次女性科技人才缺失问题。从培训机制看，确保女性科技人才在经费、时间等方面获得进行继续培训和更高学历教育的机会，重视女性人力资源的开发和能力建设，为女性科技人才提供专业和技能培训机会。从更新机制看，可放宽具有高级职称的女性科技人才的退休年龄，应将已承担重点攻关科研项目等任务尚未完成或特殊专业新学科、重点学科急需的、技术力量薄弱单位的、有特殊贡献的女性科技人才的退休年龄延长，创造有利于其成长和科研创新的政策环境和社会环境。

第四节　政府主导的合作网络治理：科技政策的实施载体

经济社会发展关键在于人才的培养，湖北省要想实现"科技兴鄂""创新型湖北"，政府部门必须下大力气引导好女性科技人才发展，合理使用好和发展好女性科技人才。女性科技人才发展是一项系统工程，作为承担宏观调控职能的政府，在科技人才发展和管理中应发挥着主导的作用。从世界范围看，各国政府无一不积极承担起了发展科技人才的职责，20世纪80年代，美国政府推行了"2000年教育计划"，该项目提高了美国国民整体的受教育水平，规范科技人才培养体系，培养了大批既能保证经济增长又富有创新精神的技术人员、科学家和工程师。欧盟一直积极注重对科学家和工程师的培养，《德洛尔报告》提出要优先培养科技人才，加大对科技人才的投入力度、改革教育培养体制等。日本政府为了培养科技人才，特别注重理工科教育和企业教育，注重对科技人才的创新能力培养。韩国政府为了培养出"精锐化"的高级科技人才，重点发展了研究生教育，培养了大批硕士和博士，鼓励研究生去海外开展科研活动，回国享受高级公务员待遇。

在市场经济的条件下，女性科技人才作为特色的人力资源，市场机制对其配置作用越来越大。与此同时，女性科技人才分布非均衡，科技政策失灵事实存在，市场机制下女性科技人才在发展中陷入了困境，作为公共事务唯一合法权威的主体——政府责无旁贷，应承担起应有之责任，政府的宏观管理仍然是女性科技人才发展的最重要保障。高层次人才的集聚有收益优势依傍型集聚模式、产业集聚推动型人才集聚模式、领头羊效应集聚模式、政府牵引型集聚模式，其中政府牵引型集聚模式是指："政府通过调整人才管理体系、改革人才管理制度、完善相关法律法规、出台人才激励政策等手段，使人才的成长、流动与经济发展战略相适应，以充分发挥人才的作用，促进经济的发展。"[1] 无论何种模式都是政府管理下使然，这充分说明了政府对科技人才发展与管理的作用。在前几章分析中，女性科技人才在行业、区域等出现了失衡问题，和政府之间缺乏联动统一规划与管理机制有着密切关系，本书认为形成合作网络的政府治理是纠正科技政策失灵的有效措施，具体而言，在合作网络治理下的政府被定位为以下几种类型。

一、层级制政府

层级制政府是从层级角度进行分类时所包含的政府之统称。其中，处于不同层级上的政府分别为一级政府、二级政府、三级政府等；而根据政府层级数，可将层级制政府划分为二级制政府、三级制政府、四级制政府以及五级制政府。[2] 层级制政府的特点表现为指挥、命令的直线关系，垂直管理贯穿执行系统，是"金字塔"形的阶梯等级。科技人才的政策运行是多样化的有机整体，它涉及各类科技人才的利益差异性，要求政府充分考虑好各层级政策的衔接与交互的难点。科技政策要能平衡各种利益关系，首先是处理好中央和地方的关系，平衡好宏观政策、中观政策和微观政策的关系，在特定时域下科技资源是恒量的、有限的，如果地方政府和部门片面追求自我利益，中观科技政策、微观科技政策有意弯曲、异化宏观科技政策目标时，带来的将是科技政策全局性的失败，也不利于女性科技人才发展。没有层级制下的整体利益，就失去为科技政策制定、执行和评估创造良好环境的政治条件，合理分配科技资源、维护好女性科技人才的基本权利也就成为一句空话。只有实现

[1] 孙丽丽，陈学中. 高层次人才集聚模式与对策 [J]. 商业研究，2006(9).
[2] 周义程. 双重时态下的层级政府分析 [J]. 行政论坛，2008(12).

层级制下的政府治理，才能整合不同的政治资源、利益、需求。

当然，构建层级制政府并不是否定地方政府对于科技人才管理的自主性和创造性，也不是回归到旧时高度集权体制。层级制政府是进行管理制度创新和平衡各层级政府利益的根本保障，在实现全局利益前提下同样可以实现地方利益、部门利益和行业利益。因此，层级制政府要求在治理法制化、市场化、社会化的基础上明晰各层级政府职能，强化中央政府和宏观科技政策在科技人才管理中的权威，为地方政府间开展良性合作提供制度框架。

二、协调型政府

科技人才政策在"发展主义"的价值取向影响下，女性科技人才成为了稀缺性的资源，在其配置过程中也存在着外部性效应，如果仅凭市场机制进行调节，女性科技人才配置很容易陷入"囚徒困境"的局面，不能集中优势人才资源去发展科技，损害科技人才的整体福利，阻碍社会发展。由此，政府可以利用合法性权威进行协调，充分发挥政府协调优势，"防止强者对弱者的掠夺，避免社会堕入弱肉强食的丛林世界"。从现实角度看，建立协调型政府也是进行科技人才管理的重要保障。在国家的赶超战略引导下，女性科技人才的发展出现了"梯度战略"不均衡的事实，女性科技人才在发展中总存在的质量不高，性别分布不均衡，高层次女性科技人才缺少等问题。根据梯度转移理论，女性科技人才分布要从人才高地向洼地转移，就需要有协调能力的政府介入，客观定位女性科技人才发展情况，公正协调各种利益冲突。因此，要求协调型政府利用权威强制性尊重和保障市场配置功效，通过良好的制度创新引导好女性科技人才的自由发展，为她们的全面发展提供配套措施。

协调型政府可以通过如下机制促进女性科技人才发展。第一，以制度协调和维护好女性科技人才的利益。政府要更新科技人才管理模式，探索多样的管理机制，建立起符合不同类型人才的特征、成长规律的现代科技人才管理制度，建立起符合女性科技人才发展的心理特征和社会需求的管理制度。第二，通过经济要素协调以维护好女性科技人才的利益。女性科技人才的发展困境很大层面表现为经济发展落后和经济要素组合不当。因此，加快经济发展，科学组合经济要素就能促进女性科技人才发展。政府在进行利益协调时，要明确哪些是公共利益，哪些是部门、行业利益，哪些是女性科技人才的利益，凡是属于合理范围的利益，政府在应予以尊重和保护。第三，通过行政伦理协调和维护好女性科技人才的利益。制度协调、经济协调是"硬约束"，伦理协调则是"软约束"，伦理协调主要是以社会公平、以人为本为特征的行政伦理去引导女性科技人才的发展，通过加强伦理法制化建设，通过科技教育和社会性别教育去实现。

三、整体性政府

整体性政府是一种运用整体政府方法（如运用联合、协调、整合等方法促使公共服务主体协同工作），为民众提供无缝隙公共服务的标准化样式。这种服务模式致力于组织整合和工作协同，讲求内部公共服务与外部公共服务的有机结合，从而极大地深化和提升了公共服务改革的理论内涵和实践意旨。[1] 根据张立荣教授利用整体性政府分析我国服务型政府建设和公共服务模式的启示，结合政府在女性科技人才管理中的定位看，应从如下方面推进政府对女性科技人才的整体性治理。首先，在科技政策价值取向上，整体性政府要求通过协同和整合，实现公共服务的公平与正义。这就要求为了有效激励女性科技人才成长，政府对于女性科技人才的管理须从"发展主义"向"人本主义"转变，利用好科技政策发挥导向、控制、协调等管理功能。其次，在政府结构组建上可以借鉴"整体性政府"思想，组建"组织规模大、职能范围广"的组织，组建宏观管理的机构，健全部门间协调配合机制，形成统一而又协调的管理机制，能有效沟通和协调科技、教育、文化、体育、卫生等各项事业。这样的宏观管理机构要能引导好第三部门和企业管理好女性科技人才，又能把市场化机制引入公共部门进行女性科技人才的管理。最后，形成对女性科技人才管理提供无缝隙公共服务。"整体性政府"注重多主体的联合、跨公共部门联合、公共部门与非公共部门的联合。为了使得科技人才在区域、行业、性别等方面能协调发展，需有效整合市场化和非市场化的管理手段，形成以政党、政策、政府管理为主导，社会、家庭、市场共同参与女性科技人才治理的共治模式。

---

[1] 张立荣，曾维和. 当代西方"整体政府"公共服务模式及其借鉴 [J]. 中国行政管理，2008(7).

第五节　对超理性因素的斟酌：科技政策实施中的冲突与调适

一、支持性制度与修复性制度的平衡安排

所谓支持性制度是指国家因政策目标的重大改变，对整体区域利益和发展格局做出重新调整所需要的制度安排。就政府内部的权力结构来说，体现为在中央政府与地方政府"集权—分权"的权力运行过程中的权力分配问题。修复性制度是为了保证区域的良性运行，或者控制区域政策的运行风险，展开的自我制度供给，集中表现为地方政府在"集权—分权"系统中，制约各自权力使用界限所需的制衡机制和监督机制的制度供给。任何政策之下的制度安排是整体制度整合的结果，一项制度的创新和执行必须与国家整体性的制度架构相配套。必须保障支持性制度和修复性制度的平衡安排，否则将出现地区、行业政策目标代替整体性的政策发展目标、地区本位主义与诸侯经济、权力寻租等问题。[1]科技人才政策目标要符合总体的科技政策规划。中央政府的科技投入重点集中在一些基础性的、公共性的研究领域之中，各层级地方政府应重点资助科技创新项目，与科技投入密切相关的科技部门、财政部门等要实施积极的公共财政资助政策，为科技人才发展提供可靠的物质保障。从科技人才项目看，中央政府在科技事业治理中居于核心地位，地方政府在中央战略方向和战略内容指导下进行科技人才项目的制度安排与制度创新。例如中央政府实施的"863计划""星火计划""火炬计划"等科技政策，在各省市均有所体现，"2001年，北京市配套承担国家'863计划'就有302项，而江苏省在2002年承担的国家'863计划'和'973计划'就达到96项"[2]。因为支持性制度只是一种制度框架，仅仅是科技政策的远景引导者和多方行动的节点，更重要的是要靠地方政府充分利用行政权力和公共资源，制定出特色的科技人才政策。所以，要保证科技政策对于女性科技人才的有效激励和发展，应同步推进支持性制度和修复性制度。

---

[1]　张玉. 区域政策执行的制度分析与模式建构 [D]. 天津：南开大学，2004。

[2]　肖广岭. 市县科技投入论 [M]. 北京：科学出版社，2007：14.

二、性别公正下的性别差异与性别平等

对于性别公正有两种观点：一种观点认为："直接把男女平等内涵中对立的两个部分叠加起来，即认为性别公正就是在确认男女平等基本原则前提下实现机会的平等和权利结果的平等公正。"[1]另外一种观点着眼于性别差异下的平等，性别公正最本质的是在突出事实差异下实现平等。"平等不是绝对的，而是承认差异基础上的相对平等，是在某些方面的、具体的、特定的平等，它承认一定范围内的合理的不平等。"[2]性别公正是建立在性别的自然分工和社会分工基础上，遵循两性自由原则、人格和机会平等原则、两性权利的平等与差异原则、补偿原则，使男女在一个合理度内实现各尽所能、各得其所。

本书认为，从男女科技人才在公共部门分布情况看，既没有实现性别平等下的公正，也没有实现性别差异下的公正。从湖北省科技人才的性别对比来看，存在着女性科技的人数总量不足、工作实绩低下、高端女性科技人才缺乏、科技决策机会缺失等问题，这充分说明了两性在科技领域中机会平等和结果公正的缺失。另一方面，许多科技政策都实施无性别差异政策，以男性标准衡量所有科技工作者，这实质是以形式公正掩盖实质不公平。因此，科技人才政策要有效实现对女性科技人才的激励，促进其成长，首先是要实现性别对比意义上的公正，建立维护性别公正的科技政策，同时要实现性别差异公正，给予女性科技人才发展更多的倾斜，使得她们获得更多社会资源，提升她们的科研能力，实现女性科技人才更高的社会价值。需要指出的是这种直接对比的公正和差异公正是不以实现时间的先后顺序为逻辑的，而是可以同时进行且互为补充的，真正实现性别平等、性别差异下的性别公正。

三、行业协同下的均衡与特色

增长极理论认为，增长极有极聚效应和扩散效应两种效应。极聚效应是指在经济联系中生产资源和要素向经济优势一极聚集和回流；扩散效应则相反，是生产资源和要素从优势一极向劣势低级方向的扩散。在发展初级阶段易于出现极聚效应，优势方以公正的就业机会、优良的工作环境、丰厚的工资待遇等机制吸引着人才流入，

[1] 谷盛开. 法学视野下的性别公正与妇女保护 [J]. 人权，2003(3).

[2] 杨丹. 性别公正——女性主义研究的现代理念 [J]. 学术论坛，2008(9).

当进入发展成熟阶段，情况则相反，易于出现扩散效应。

在对湖北省公共部门实地调查中发现，公共部门、集体部门聚集的女性科技人才较多，社会组织、企业组织分布相对较少，教育部门、卫生部门分布较多，科技部门和农业部门分布相对较少。因此，要平衡部门、行业的女性科技人才分布。首先，有效利用社会组织、企业组织在就业机会、工作环境、工资待遇等方面的优势人才机制，吸引更多女性科技人才开展应用性和市场性的科研活动，实现女性科技人才配置的极聚效应。其次，要规范公共部门女性科技人才的管理，当我国进入全面创新型社会发展阶段后，公共管理的协同性要求更高。公共部门应制定出有利于科技人才资源配置的合作政策，打破各部门之间的藩篱，形成整体的管理系统。最后，要破解女性科技人才的结构性矛盾问题，"人才结构性矛盾突出，专业技术人才主要集中在第三产业，教育、卫生等领域占七成以上，工程技术人员仅占一成多"[1]。

第六节　差异与融合：科技政策伦理

一、科技文化

科技文化作为科学技术社会功能的理性结晶，是以科学技术的发生发展为根据，并对科学技术本身和科学技术的社会运用进行认识和反思的观念结晶。[2]科技文化主要包括精神层面的科技文化、制度层面的科技文化和器物层面的科技文化，它是社会主义文化的重要组成部分，对科技发展、综合国力增强，乃至对整个社会的经济结构、社会结构和政治结构有着积极影响。科技文化对科技人才发展具有积极指导意义。第一，提升科技人才的精神。科技文化给科技人才赋予良好精神状态和工作能力，使他们树立理性、怀疑、创新和求真意识和诚实、严谨、自由和宽容的品格，他们以先进的科技文化为指导，积极利用科技成果为人类社会服务。"陶冶人的情操，提升人的修为，塑造人的品格，使人得以完善发展。科技文化的长足发展与不断弘扬，本身就是人在精神上全面健康发展的主要内容，并形成科学对人类宝贵的精神

---

[1]　杨芝. 科技人才集聚与经济发展水平的互动关系——以湖北省为例 [J]. 理论月刊，2011(3).

[2]　文兴吾，何翼扬. 论科技文化是第一文化 [J]. 中华文化论坛，2012(1).

价值。"[1] 第二，促进科技人才的全面发展。马克思主义社会发展理论认为人实现全面发展，从"必然王国"上升到"自由王国"，必须有充分的物质财富和先进的文化。科技能极大提高社会劳动生产效率，创造出充足的物质财富，科研在实践中又能孕育先进的科技知识、科技思想和科技精神，促使科技人才积极探索科学技术，追求自我个性，树立为人类谋福利的崇高信念，这样的科技人才是物质充裕、文化涵养高的人才，从而实现自我的全面发展。

要重视塑造女性科技人才的科技文化。首先，向女性科技人才普及科技文化。各级政府、部门要拿出科学的普及方案，消除她们对于科研的思想顾虑和畏难情绪，提升她们的科技兴趣。其次，形成女性科技人才特有的科研文化。这种科研文化应包括热爱祖国、为国争光的坚定信念；勇于登攀、敢于超越的进取意识；科学求实、严肃认真的工作作风；同舟共济、团结协作的大局观念；淡泊名利、默默奉献的崇高品质。最后，要塑造典型，重视科技文化示范作用。"领头人"的示范作用最为直接，最为有效，要宣扬女性科技人才中优秀的"领头人"事迹，激励更多女性投身于科技事业。

二、先进性别文化

对科技领域的先进性别文化构建需要从以下方面入手：第一，政策引领。一方面，通过制定出具有导向性的社会主义性别文化政策，政府部门、新闻媒介应积极宣传先进性别文化，引导先进性别文化发展方向。另一方面，构建好、设计好有利于先进性别文化推进的制度，公共政策要塑造性别平等理念，进而积极推动科技领域中的先进性别文化构建。第二，增强女性科技人才的主体意识。女性科技人才要树立"自尊""自信""自立""自强"等意识，要相信自己既能做好"母亲""妻子"角色，又能以主人翁姿态扮演着"职业女性""科技女性"角色。要善于利用法律和科技政策赋予女性科技工作者权益，排除不平等的社会文化制约，积极投身于科技工作之中。第三，要引导广大男性科技工作者树立性别平等观念。先进性别文化构建重要一极在于男性科技工作者，他们应是先进性别文化的积极参与者，绝不是旁观者。男性科技工作者要摒弃"男尊女卑""男强女弱""女性不合适搞科研"等传统性别不平等观念。在具体的科技工作之中，从精神、物质、工作机制等方面扶持女性

---

[1]　郭传杰. 论科学技术与精神文明 [M]. 北京：科学出版社，2001：168.

科技工作者，尤其是在一些体力要求较高且艰苦的科技领域，男性更应承担起责任。在家庭生活中，共同分担家庭事务。需要特别指出的是科技部门的男性领导，他们要率先垂范、积极引导与构建先进性别文化。如果男性领导能够在女性科技人才的聘用、晋升、培训、退休等方面给予充分重视与关怀，就是通过具体的行为向社会传递政府主张和实践着先进性别文化的最好方式。第四，重视妇女组织的作用。多元化妇女组织的兴起和活跃，是近年来中国妇女事业发展的一个显著特点，有利于宣传和倡导先进性别文化，抵制落后性别文化。要重视妇联组织、性别研究学术团体、非政府妇女组织或机构等在先进性别文化构建中的积极作用。本书在对湖北省公共部门调研中，就得到了湖北省妇联的鼎力相助。第五，正确对待性别平等的企业文化。许多科技人才分布密集的企业制定了性别平等的企业文化。政府要合理引导好性别平等的企业文化，既要维护好企业的平等、和谐的文化格局，又要利用间接的调控手段保护好女性科技人才的合法利益，还应有借鉴地将性别平等的企业文化引入公共部门管理之中。

三、协同文化

协同（Synergic）是指多个主体围绕一个共同目标相互作用、彼此协作而产生效益增值的过程。[1] "人类社会不仅为利益所驱动，同时也为愿望和激情所驱动"。协同文化塑造既要整合公共部门利益，又要理智看待女性科技人才的愿望。第一，公共观念协同。各公共部门有着自我的目标和价值追求，对于整个公共部门而言，要以实现女性科技人才平衡、平等发展为统一目标，各部门要摒弃追求自我利益最大化的价值取向，要有宏观层面的战略人才观念。公共部门只有实现策略层协同和技术层协同，才能保障部门利益，实现女性科技人才在各部门发挥最佳效应。第二，信念观念协同。"信任与交换一样都是一种社会关系，它可以作为协作行为的润滑剂。"[2] 公共部门之间应建立起信任机制，应当鼓励科技人才在公共部门合理流动，而不是限制女性科技人才合理流动，或者将其当作男性科技人才流动的附属物。同时，要构建公共部门和企业之间的信任机制，企业的很多科技人才管理机制值得公共部

---

[1]　朱虹. 网络环境下的政府公共服务协同研究 [D]. 武汉：华中师范大学，2007.

[2]　阿格拉诺夫，麦圭尔. 协作性公共管理：地方政府新战略 [M]. 李玲玲，等译. 北京：北京大学出版社，2007：167.

门借鉴，公共部门应加强对企业女性科技人才的引导和监管。第三，责任意识协同。"责任是协议的轴心，是今天为建立一个共同的伦理基础的人类社会所能达到的。"女性科技人才行业分布不均衡，高层次女性科技人才缺失，科技决策中的男性主体化等问题短期内依然难以解决，人大、政府及其相关部门以及社会组织要勇于找出问题存在的原因，敢于担当，实现法律责任、政治责任、管理责任、道德责任的协同。第四，树立柔性意识。在公共部门协同过程中，各种利益纷繁复杂，单一的方案或措施，都难以令所有部门满意。因此相关部门应有宽容精神，拿出更多柔性而不明显排斥的政策方案，实现在战略层、策略层的科技政策统一。[1]

[1] 李辉. 论协同型政府 [D]. 长春：吉林大学，2010.

第八章 结论与展望

第一节 研究结论

本研究运用了政府管理理论、系统论、政策科学、制度主义、社会性别、女性主义等多学科理论和方法理清了科技政策的构建历程和女性科技人才发展的状况，以克朗政策系统理论为分析工具探析了科技政策对于女性科技人才有效激励和政策失灵的问题，探究了在创新型社会构建背景下有效推进女性科技人才发展的路径，其中最主要的是构建有性别维度和区域、行业维度的科技政策，在此，我们需要对本书论述的结论予以交代：

第一，女性科技人才是科技发展和推动创新型社会建设的特殊资源。当今世界是一个经济全球化和知识经济社会，人才是最重要的战略资源，人才资源成为衡量各国、各地区综合竞争力的决定性要素之一。随着世界性的科技人才竞争加剧，我国要实现到 2020 年建设成为创新型国家，重视和发展好科技人才刻不容缓。女性科技人才作为科技人才的重要组成部分，是一种不可或缺、承担特殊作用的人力资源，其发展状况将直接关系到科技事业发展，女性有着独特的家庭和社会角色，她们的地位和作用具有强烈的社会示范作用。因此，重视女性科技人才资源的开发和利用，给予她们的发展足够的支持，是科技发展和创新型社会建设的需要。同时，科学界中缺乏扶持女性从事科学研究工作的机制，她们不但在观念上不被鼓励从事科研工作，而且在行动上也较少得到同行（特别是男性同行）的支持和鼓励。女性对科学技术职业的参与程度是随着社会的整个职业结构的变化而发展的，其总的趋势是各类职业逐步向女性开放。总而言之，在新时期下，如何做到在人才强国战略规划下，制定出兼顾女性特征的科技政策，改进政府管理方法和健全人才管理机制，将是重大现实而复杂的课题。

第二，从不同空间尺度的整体上看，国家的科技政策和湖北省的科技政策对公共部门的女性科技人才发展绩效存在着差异性。

宏观层面的政策溢出效应最明显。根据整体效应理论分析，科技政策促进了女性科技人才数量快速增长，竞争力得到进一步增强，湖北省女性专业技术人才发展总的态势良好，是中部六省的领头羊，在全国也处于中上游水平，她们对于"科技兴鄂""建设创新型湖北"等战略实施，推动经济社会发展，构建和谐社会发挥了至关重要的作用。至于缺乏明显性别维度的科技人才政策、科研环境系统有待改善、高层次女性科技人才缺失、整体创新能力和总体水平较低等问题多数为全国性问题。

中观层面的政策溢出效应不甚明显。因为女性科技人才存在着领域、行业和性别等不均衡和不平等。根据梯度转移理论分析，科技政策推动了女性科技人才更多向教育部门、国有单位和权力部门等公共部门集中，更多的中青年成为了女性科技人才队伍的主体，同时又存在着隐性的性别失衡，中观层面上的科技政策效果不甚明显。只是在促进女性科技人才在特殊领域和行业等方面有所作为，女性科技人才并没有实现协调发展，反而增加了领域、行业和性别差异，中观层面上科技政策溢出效应存在着一定的失灵，不利于湖北省女性科技人才的协调发展。

微观层面的政策效果最不明显。根据人才需求理论分析，科技政策导致了男女科技人才发展出现了"收敛"困境，而非"发散"优势，与男性相比，女性科技人才在成长与发展过程中，来自家庭、组织和社会等制约要素较多，女性在科研道路上处于劣势，这与科技政策实施无性别差异的"收敛"规则不无关系。要缩小男女科技人才成长与发展的差异性，实现科技人才的包容性发展，既需要宏观的政策和制度、中观的制度安排和组织的协同，又需要从微观层面构建包容和平等性别文化，共同作用实现科技人力资源有效配置。

第三，从女性科技人才分布的性别差异和行业差异看，性别差异下个体选择导致机会和结果的不平等超过了行业上的社会选择导致政策配置的不公，这种不合理分配格局渐呈固化的趋势。当然，因为勤奋程度和个人禀赋导致科技人才发展的差异，是有益于科技发展和社会进步的。但如果在性别差异、政策起点等方面就有着先天差异造成的分配格局不合理，则是科技政策在科技人才激励过程中渗出的"结石"。因此，有效配置女性科技人才资源是政府管理和科技政策调控的责任。首先，要解决价值观、态度、思想观念等问题，然后，着力于对制度、政策和发展规则进行改进和调适；最后，要构建平等的性别文化和社会文化。

　　第四，一些特殊行业成为女性科技人才聚集地，但男性在科技事业管理和科技决策中有着明显的优势，科技人才集聚出现了一定的负向效应。市场机制和行政机制协同始终是有效保障女性科技人才发展的两翼，相比之下，行政机制调控显得更为重要，行政机制主要是通过科技政策弥补市场机制的失灵。首先，要有国家层面的宏观科技政策，为女性科技人才发展制定相应的宏观规划，制定出带有性别差异性和行业差异性的扶持政策，明确科技政策主体的作用和责任，将扶持性的科技人才政策落实到位。同时，地方政府和部门的中观和微观的科技政策要实现宏观规划与自我创新相结合，内部系统与外部系统相协调，形成有利于女性科技人才发展的运行机制。

　　第五，女性科技人才开发是一项庞大而又复杂的社会工程，要突出性别特征和公共部门特征去发展女性科技人才，作为社会活动中唯一合法权威的公共事务管理主体，政府及其相关部门应承担起应有的职责。在政策价值取向上突出性别维度和行业特征，在科技政策制定上推行逐步改变型的科技政策制定模式，在科技政策执行中实施协商民主和合作网络治理，在斟酌中对科技政策的超理性因素进行调适，制定出有差异而又有融合性的科技政策。

第二节　研究展望

　　科技人才的研究是聚多学科相互交叉、相互渗透和理论性、实践性都很强的重大课题。虽然本书在实证调查和基础研究等方面力求达到理论与实践创新，由于主、客观等原因存在一些不尽如人意的地方，许多方面还待进行细致和深入的研究。

　　第一，如何理解科技政策含糊性的问题。本书从科技政策实施效果研究女性科技人才发展的问题，但从收集到的科技政策看，普遍缺乏性别维度，也没有充分考虑组织类型、行业以及区域等因素。公共政策含糊性的问题到底是否存在，这种含糊性是否只扮演着消极作用，它的作用范围和限度边界又在何处？这是未来应该重视的研究方向。

　　第二，女性科技人才发展涉及的社会网络是非常复杂的。是着重分析宏观科技政策的导向制约，注重分析中观的制度安排或制度保障，还是注重分析微观的社会环境和文化塑造？这将是一大难题。因此，如何去设计女性科技人才发展所涉及的各种网络构成要素所导致绩效的量化与对比性研究，建构复杂的模拟模型，在模拟情景中对决策行为进行测试研究，也是研究的难点与研究的展望。

第三，女性科技人才成长对比的维度选取。女性科技人才成长主要是由非正式制度和正式制度共同生成的。由于各地区和部门的政治、经济、文化乃至区位优势不一样，以及科学、教育、卫生、农业等公共部门差异性，使得女性科技人才成长道路促成因素也会呈现出差异性，如何分析出女性科技人才成长更多的共同之处也是未来研究重点。

附　录

问卷编号 ＿＿＿＿　调查编号 ＿＿＿＿　调查地点 ＿＿＿＿　录入员编号 ＿＿＿＿

《科技政策与女性科技人才发展的研究》（Ａ）问卷调查

您好！为了真实全面了解科技政策与湖北省公共部门女性科技人才发展情况，特设计此问卷，诚恳征求您的意见。您的宝贵意见将是我们研究工作的重要参考依据，请您如实、详细填写相关信息。本次调查以不记名的方式进行，调查结果仅供研究之用，我们将替您严格保密，请放心填答。

衷心感谢您的参与和积极配合！

祝您工作顺利，身体健康！

问卷填写说明：

（1）本问卷共有 46 个选择题，为保证问卷的质量，请您回答完所有题目；

（2）本问卷第 47 题为开放式问题，请您自由填写；

（3）在填写问卷选择题时，请您在认为合适的选项上打"√"；

（4）有些题目可为多项选择，请您选择。

1. 您的性别

A. 男　　　　　　　　　B. 女

2. 您的年龄

A.30 岁及以下　　　　　B.31~40 岁　　　　　C.41~50 岁

D.51~60 岁   E.60 岁以上

3. 您的学历

A. 中专   B. 专科   C. 本科   D. 硕士   E. 博士

4. 您所在的部门

A. 教育部门   B. 农业部门   C. 卫生部门   D. 科技部门

5. 您的职称

A. 初级   B. 中级   C. 高级

6. 您家女性一年之内的家务时间

A.0~1 个月   B.1~2 个月   C.3~4 月   D.5~6 个月

E.7 个月以上

7. 您家男性一年之内的家务时间

A.0~1 个月   B.1~2 个月   C.3~4 月   D.5~6 个月

E.7 个月以上

8. 您家的家务主要由谁承担

A. 男性   B. 女性   C. 男女共同承担

9. 您最近三年参与进修、培训活动多吗

A. 经常   B. 比较经常   C. 很少   D. 从来没有

10. 您认为培训对您提高科研能力帮助大吗

A. 非常大   B. 比较大   C. 大   D. 比较小   E. 非常小

11. 女性的科研劳动时间投入比男性劳动力多吗

A. 非常同意   B. 比较同意   C. 基本同意   D. 不同意

E. 非常不同意

12. 您满意单位的激励工作吗

A. 非常满意   B. 比较满意   C. 一般   D. 不太满意

E. 非常不满意

13. 您认为相比于物质激励，精神激励的作用更大吗

A. 非常赞同   B. 比较赞同   C. 一般   D. 不太赞同

E. 非常不赞同

14. 您对目前的薪酬水平

A. 非常满意   B. 比较满意   C. 一般   D. 不太满意

E. 非常不满

15. 您休产假的时间

A.10 天及以下　　　　B.11~20 天　　　　　　　　C.21~30 天

D.31~60 天　　　　　　E.61 天及以上

16. 在工作中，您关注单位的文化建设吗

A. 非常关注　　　　　　B. 比较关注　　　　　　　C. 一般

D. 不太关注　　　　　　E. 非常不关注

17. 您认为单位文化的建设对于取得更好的工作绩效

A. 帮助很大　　　　　　B. 帮助较大　　　　　　　C. 一般

D. 有帮助　　　　　　　E. 没有帮助

18. 您对本单位系统中人才的配置结构

A. 非常满意　　　　　　B. 比较满意　　　　　　　C. 一般

D. 不太满意　　　　　　E. 非常不满意

19. 您认为在本单位系统中，对女性领导者的需求

A. 非常需要　　　　　　B. 比较需要　　　　　　　C. 一般

D. 不太需要　　　　　　E. 非常不需要

20. 您赞同在单位的核心岗位上存在女性同志边缘化的现象这种说法吗

A. 非常赞同　　　　　　B. 比较赞同　　　　　　　C. 一般

D. 不太赞同　　　　　　E. 非常不赞同

21. 您认为在工作中，相比异性同事，单位对您的要求

A. 更高　　　　　　　　B. 比较高　　　　　　　　C. 一样

D. 比较低　　　　　　　E. 更低

22. 您认为单位中的"非正式"组织对您的工作产生了怎样的影响

A. 很大　　　　　　　　B. 较大　　　　　　　　　C. 一般

D. 很小　　　　　　　　E. 没有

23. 在工作中，组织的目标和您自身的目标是否一致

A. 总是　　　　　　　　B. 经常　　　　　　　　　C. 有时

D. 很少　　　　　　　　E. 几乎没有

24. 您认为您需要在专业技术上得到提升吗

A. 非常需要　　　　　　B. 比较需要　　　　　　　C. 一般

D. 不太需要　　　　　E. 非常不需要

25. 您认为您需要在自身的精神文化层次上得到提升吗

A. 非常需要　　　　B. 比较需要　　　　　C. 一般

D. 不太需要　　　　E. 非常不需要

26. 您认为在工作中，相比异性同事，您的工作动力

A. 更强　　　　　　B. 比较强　　　　　　C. 一样

D. 比较弱　　　　　E. 更弱

27. 您认为在工作中，相比异性同事，您工作以外的压力

A. 更大　　　　　　B. 比较大　　　　　　C. 一样

D. 比较小　　　　　E. 更小

28. 您认为在工作中，您的表现 _____ 得到上级领导的肯定

A. 总是　　　　　　B. 经常　　　　　　　C. 有时

D. 很少　　　　　　E. 从未

29. 您认为在工作中，与同事的关系在哪种程度上影响了您的工作

A. 很大　　　　　　B. 较大　　　　　　　C. 有时

D. 很少　　　　　　E. 几乎没有

30. 您曾获得何种奖项

A. 国家级　　　　　B. 省部级　　　　　C. 地市级　　　　D. 没有

31. 截至目前您已发表的论文

A.6 篇及以下　　　B.7~12 篇　　　　　C.13~18 篇　　　D.19 篇及以上

32. 截至目前您已完成的科技项目数量

A.2 项及以下　　　B.3~5 项　　　　　　C.6~8 项　　　　D.9 项及以上

33. 在工作中，您总是能够有一些创新的想法

A. 非常符合　　　　B. 比较符合　　　　C. 一般

D. 不太符合　　　　E. 非常不符合

34 在工作中，您总是能够组织协调好各方面的工作

A. 非常符合　　　　B. 比较符合　　　　C. 一般

D. 不太符合　　　　E. 非常不符合

35. 对于同一岗位，在招聘人才时，您认为女性在单位的用人政策中的优势如何

A. 非常大　　　　　B. 比较大　　　　　C. 一般

D. 不太大　　　　　　E. 没有任何优势

36. 对于同一岗位，单位 _____ 将您与异性人才平等对待

A. 总是　　　　　　B. 经常　　　　　　　C. 有时

D. 很少　　　　　　E. 几乎没有

37. 在科研领域您认为男性贡献比女性更大吗

A. 非常同意　　　B. 基本同意　　　　C. 不一定　　　D. 不同意

38. 您主要通过什么途径学习科技政策

A. 政策读物　　　B. 广播电视　　　　　C. 会议培训

D. 互联网　　　　E. 其他

39. 您认为科技政策存在哪些问题

A. 缺乏部门的针对性　　　　　B. 维护特定利益而忽视性别差异

C. 注重短期利益而忽视长远利益　　D. 其他

40. 您认为影响科技政策有效执行的因素包括哪些

A. 政策执行人员的能力　　B. 政策执行机制的状况

C. 当地的经济发展状况　　D. 当地的人文环境　　E. 其他

41. 您对本部门科技政策执行情况的总体评价

A. 执行效果非常好　　　　　B. 执行效果良好

C. 执行效果一般　　　　　　D. 执行效果很差

42. 您如何评价本部门的年终业务考核

A. 客观公正，起到激励作用　　B. 效果一般

C. 考核过程形式化，起不到应有效果　D. 暗箱操作，凭关系，起到反作用

43. 您在科技政策系统中愿意与政策主体进行互动吗

A. 非常愿意　　　　B. 比较愿意　　　　C. 一般

D. 不愿意　　　　　E. 非常不愿意

44. 您认为本部门科技政策执行主体与政策客体之间的互动机制是否健全

A. 非常健全　　　B. 比较健全　　　　C. 一般

D. 不太健全　　　E. 非常不健全

45. 您会通过网络媒体来向政策执行者反馈科技政策中存在的问题吗

A. 总是　　　　　B. 经常　　　　　　C. 有时

D. 很少　　　　　E. 没有

46.您认为本部门政府对科技工作者反映上来的问题

A.总是做出回应　　　　B.经常做出回应　　　　C.有时做出回应

D.很少做出回应　　　　E.从不做出回应

47.您对科技政策制定与执行有哪些建议？

问卷到此结束，再次感谢您对我们工作的支持！

问卷编号 _____ 调查编号 _____ 调查地点 _____ 录入员编号 _____

《科技政策与女性科技人才发展的研究》（B）问卷调查

您好！为了真实全面了解科技政策与湖北省公共部门女性科技人才发展情况，特设计此问卷，诚恳征求您的意见。您的宝贵意见将是我们研究的重要参考依据，请您如实、详细填写相关信息。本次调查以不记名的方式进行，调查结果仅供研究之用，我们将替您严格保密，请放心填答。

衷心感谢您的参与和积极配合！

祝您工作顺利，身体健康！

问卷填写说明：

（1）本问卷共有 50 个选择题，为保证问卷的质量，请您回答完所有题目；

（2）本问卷第 51 题为开放式问题，请您自由填写；

（3）在填写问卷选择题时，请您在认为合适的选项上打"√"；

（4）有些题目可为多项选择，请您选择。

1. 您的性别

A. 男　　　　　　　B. 女

2. 您的年龄

A.30 岁及以下　　　B.31~40 岁　　　C.41~50 岁　　　D.51 岁及以上

3. 您的学历

A. 本科　　　　　　B. 硕士　　　　　C. 博士

4 您是否有出国留学、进修或访问等海外经历

A. 是　　　　　　　B. 否

5.您的具体职称是

A.正高级　　　　　B.副高级　　　　　C.中级　　　　　　D.初级及其他

6.您工作所属的领域

A.科技　　　　　　B.教育　　　　　　C.农业　　　　　　D.卫生

7.从总体而言，您对本单位和组织的工作绩效

A.非常满意　　　B.比较满意　　　C.一般　　　　　D.不太满意

E.非常不满意

8.你对本单位和组织的归属感

A.非常高　　　　B.比较高　　　　C.一般　　　　　D.不太高　　　　E.没有

9.你对现在所从事的岗位感到

A.非常满意　　　B.比较满意　　　C.一般　　　　　D.不太满意

E.非常不满意

10.在工作中，你的工作成果 _____ 得到承认

A.总是　　　　　B.经常　　　　　C.有时　　　　　D.很少

E.几乎没有

11.在目前的工作中，你总想把工作做到最好

A.非常符合　　　B.比较符合　　　C.一般　　　　　D.不太符合

E.非常不符合

12.你觉得现在的工作量

A.超负荷　　　　B.满负荷　　　　C.适中　　　　　D.低负荷　　　　E.很低

13.你对现在工作岗位的环境和条件

A.非常满意　　　B.比较满意　　　C.一般　　　　　D.不太满意

E.非常不满意

14.你对现在的工作安排

A.非常感兴趣　　B.比较感兴趣　C.一般　　　　　D.不太感兴趣

E.没有兴趣

15.您觉得您在工作中发挥了自己的才能吗

A.充分　　　　　B.大部分　　　　C.基本　　　　　D.部分

E.没有

16. 您清楚自己的工作目标吗

A. 非常清楚　　　　B. 比较清楚　　　C. 一般　　　　D. 不太清楚

E. 非常不清楚

17. 您觉得您能够从现在的工作中获得成就感吗

A. 非常能　　　　B. 比较能　　　C. 一般　　　D. 不太能　　　　E. 不能

18. 您对组织的宗旨、理念

A. 非常理解　　　　B. 比较理解　　　C. 一般　　　　D. 不太理解

E. 非常不理解

19. 组织目标的完成对于完成个人的职业规划

A. 帮助很大　　　　B. 帮助较大　　　C. 一般　　　　D. 有帮助

E 没有帮助

20. 您认为组织对您现在的科研工作重视吗

A. 非常重视　　　　B. 比较重视　　　C. 一般　　　　D. 不太重视

E. 非常不重视

21. 您认为当初影响您进入科技岗位工作最重要的因素是

A. 社会环境　　　　B. 家庭环境　　　C. 学校教育　　　D. 个人选择和偏好

22. 就目前来讲，您觉得您适合科技岗位的工作吗

A. 非常适合　　　　B. 比较适合　　　C. 一般　　　　D. 不太适合

E. 非常不适合

23. 在正常的上班时间内，您能否保证全部的精力投入工作

A. 完全符合　　　　B. 比较符合　　　C. 一般　　　　D. 不太符合

E. 完全不符合

24. 如果工作需要您加班加点，您能否保证全部的精力投入工作

A. 完全符合　　　　B. 比较符合　　　C. 一般　　　　D. 不太符合

E. 完全不符合

25. 您每天用在阅读上的时间

A.1 小时以下　　　　B.1 小时　　　C.2 小时　　　D.3 小时

E.4 小时及以上

26. 您每天在家务劳动中的时间

A.1 小时以下　　　　B.1 小时　　　C.2 小时　　　D.3 小时

E.4 小时及以上

27. 您每天用在子女教育中的时间

A.1 小时以下 　　　　B.1 小时 　　　　C.2 小时 　　　D.3 小时 　　　E.4 小时及以上

28. 您赞同"对男人来说，事业更重要"这种说法吗

A. 非常赞同 　　　　B. 比较赞同 　　　C. 一般 　　　D. 不太赞同

E. 非常不赞同

29. 对您来讲，在家庭和事业发生冲突时，您 ＿＿＿＿ 把事业放在第一位

A. 总是 　　　　B. 经常 　　　C. 一般 　　　D. 不经常

E. 从来不

30. 您喜欢"女强人"这种说法吗

A. 非常喜欢 　　　　B. 比较喜欢 　　　C. 一般 　　　D. 不太喜欢

E. 非常不喜欢

31. 以下选项中，您觉得最重要的是哪一个

A. 工作取得重大成就 　　　B. 家庭幸福 　　　C. 子女发展

D. 身体健康 　　　　E. 科技成果

32. 您赞同女性科技工作者只能从事一些辅助性的工作这种说法吗

A. 非常赞同 　　　　B. 比较赞同 　　　C. 一般 　　　D. 不太赞同

E. 非常赞同

33. 您所在的单位是否给您构筑了一个很好的发展平台

A. 非常符合 　　　　B. 比较符合 　　　C. 一般 　　　D. 不符合

E. 非常不符合

34. 您现在所从事的工作与最初的期望

A. 非常相似 　　　　B. 大部分相似 　　C. 基本相似

D. 部分相似 　　　　E. 不相似

35. 您对自己工作目标的定位

A. 非常清晰 　　　　B. 比较清晰 　　　C. 一般 　　　D. 不太清晰

E. 非常不清晰

36. 您 ＿＿＿＿ 在做事之前进行规划

A. 总是 　　　　B. 经常 　　　C. 有时 　　　D. 很少

E. 从来不

37. 您在遇到困难的时候对他人的依赖程度

A. 非常依赖　　　　B. 比较依赖　　　C. 一般　　　　　D. 很少依赖

E. 非常不依赖

38. 在与对方发生争议或矛盾的时候您 _____ 能够通过换位思考来解决问题

A. 总是　　　　　　B. 经常　　　　　C. 有时　　　　　D. 很少

E. 从来不

39. 在工作和生活中，您总是能够理性、冷静地处理一些问题

A. 非常符合　　　　B. 比较符合　　　C. 一般　　　　　D. 不太符合

E. 非常不符合

40. 您认为组织对于您能力的认知

A. 非常清晰　　　　B. 比较清晰　　　C. 一般　　　　　D. 不太清晰

E. 非常不清晰

41. 当遇到重要的工作任务或者好的发展机会时，领导是否优先考虑男性

A. 总是　　　　　　B. 经常　　　　　C. 有时　　　　　D. 很少

E. 从来不

42. 单位在制定科技人才政策的时候，_____ 考虑女性人才的特点

A. 总是　　　　　　B. 经常　　　　　C. 有时　　　　　D. 很少

E. 从来不

43. 您对单位的晋升渠道和机制（民主和公平感），感到 _____

A. 非常满意　　　　B. 比较满意　　　C. 一般

D. 不太满意　　　　E. 非常不满意

44. 您对单位的人才晋升标准（能力和资历），感到 _____

A. 非常满意　　　　B. 比较满意　　　C. 一般

D. 不太满意　　　　E. 非常不满意

45. 您赞同在现有的晋升体制下，女性没有竞争优势这种说法吗

A. 非常赞同　　　　B. 比较赞同　　　C. 一般

D. 不太赞同　　　　E. 非常不赞同

46. 单位 _____ 组织专门针对女性人才工作技能的培训

A. 总是　　　　　　B. 经常　　　　　C. 有时　　　　　D. 很少

E. 从来不

47. 如果进行专门针对女性人才的技能培训，工作绩效将显著提高

A. 非常赞同   B. 比较赞同   C. 一般   D. 不太赞同

E. 非常不赞同

48. 根据现有的工作情况，是否需要针对女性工作技能进行培训

A. 非常需要   B. 比较需要   C. 一般   D. 不太需要

E. 非常不需要

49. 您对培训目的的认知

A. 非常清晰   B. 比较清晰   C. 一般   D. 不太清晰

E. 非常不清晰

50. 您认为女性科技工作者得到学习和培训的机会少于男性科技工作者吗

A. 非常同意   B. 比较同意   C. 一般   D. 不太同意

E. 非常不同意

51. 在您的成长中还存在着哪些制约性因素？

问卷到此结束，再次感谢您对我们工作的支持！

访谈提纲（科技部门）

1. 请简要介绍本部门科技人才的性别构成、职称结构情况。

2. 请问目前管理科技人才最主要的政策是哪些？基本目标是什么？

3. 请问本部门近 3 年来的科技人才目标是什么？

4. 国家的科技政策和湖北省的科技政策能兼顾本单位的实际吗？请列举典型案例。

5. 您认为科技政策执行异化的原因有哪些？本部门是如何纠正的？

6. 请详细介绍本单位男女科技人才获省部级以上科技奖励的情况。

7. 在科技产出方面，男女科技人才的差距是否显著？请列举典型案例。

8. 您认为目前女性科技人才发展存在哪些问题？根源是什么？如何解决？

访谈提纲（教育部门）

1. 请您简要介绍一下本部门的基本情况以及相关教育政策规定的人才发展目标。

2. 一般而言，我们在对教师队伍进行管理的时，需要结合《国家公务员法》、《事业单位人事管理条例》，然后结合教育部门的实际制定出具体实施办法。

（1）在制定本部门人事管理条例时，是否完全遵照国家政策？

（2）为了有效激发教师进行继续教育，您所在的部门出台了哪些教职工继续教育管理规定？具体实施效果怎样？

3. 请您结合职称评审政策谈谈女教师如何晋升职称。

4. 您认为在本部门最需要的是教学型还是科研型人才？

5. 从性别对比视角谈谈职业倦怠差异。

6. 贵部门如何考核教师的综合业绩？是否合理？怎样改进？

7. 在科研与教学方面有哪些成功的女性？请列举典型案例。

8. 请您描绘贵部门的发展蓝图。

访谈提纲（卫生部门）

1. 请简要介绍本部门男女医生比例以及中层领导干部的性别比例。

2. 在护士群体中，女护士比男护士更得到患者认同吗？是否有扩大男性护士比例的计划？

3. 在主治医生群体中，女主治医生的比例为多少？上夜班是否有照顾女性的习惯？

4. 国家级的医生奖励有哪些？请介绍贵部门享有"国务院津贴"和"湖北省津贴"的具体情况。

5. 您认为卫生部门的产假制度该怎样安排才能符合单位的实际和女性需求？

6. 卫生系统的职称晋升难度相对比较大，现行的职称评审政策是否合理反映了卫生系统的客观实际？

7. 卫生系统的问责制的情况怎样？一旦责任问题出现，医院和医生该如何承担起相应的责任？

8. 请问您如何看待卫生部门女性数量众多，而高职称、主治医生和管理层却是男性居多的问题？

访谈提纲（农业部门）

1. 请您简要介绍本部门人员构成的基本情况。

2. 本部门是实践性较强的部门，需要去野外调研，贵单位的女性工作者是否愿意去野外工作？她们是如何克服困难的？

3. 请问您部门招聘的规则和基本流程是什么？在招聘过程中是否有性别倾向？

4. 本部门的日常沟通机制是否建立？运转状况如何？

5. 本单位的人力资源能否有效满足科研需要？如何保证二者的匹配性？

6. 结合典型的例子介绍本单位女性工作者的精神文化生活情况。

7. 请问您在人才政策执行前，采取了何种方法让员工了解政策内容？效果如何？政策客体通过何种途径反映人才政策内容和实施中存在的问题？您所在部门是如何反馈和回应的？请列举出实际例子说明。

参考文献

图书类:

[1] 克朗. 系统分析和政策科学 [M]. 陈东威, 译. 北京: 商务印书馆, 1985.

[2] 道格拉斯·C.诺思. 制度、制度变迁与经济绩效 [M]. 杭行, 译. 上海: 格致出版社, 2008.

[3] 西奥多·W.舒尔茨. 论人力资本投资 [M]. 吴珠华, 等译. 北京: 北京经济学院出版社, 1990.

[4] 苗东升. 系统科学精要 [M]. 北京: 中国人民大学出版社, 1998.

[5] 中国科学院. 复杂性研究 [M]. 北京: 科学出版社, 1993.

[6] 钱学森. 创建系统学 [M]. 太原: 山西科学技术出版社, 2001.

[7] 查尔斯·萨维其. 第 5 代管理 [M]. 谢强华, 等译. 珠海: 珠海出版社, 1998.

[8] 约瑟夫·熊彼特. 经济发展理论 [M]. 北京: 商务印书馆, 1991.

[9] 丁煌. 政策执行阻滞机制及其防治对策——一项基于行为和制度的分析 [M]. 北京: 人民出版社, 2002.

[10] 陈振明. 公共管理学——一种不同于传统行政学的研究途径 [M]. 北京: 中国人民大学出版社, 2003.

[11] 丁煌. 西方行政学说史 [M]. 武汉: 武汉大学出版社, 1999.

[12] 刘筱红. 管理思想史 [M]. 武汉: 湖北人民出版社, 2007.

[13] 俞可平. 治理与善治 [M]. 北京: 社会科学文献出版社, 2000.

[14] 毛寿龙. 中国政府功能的经济分析 [M]. 北京: 中国广播电视出版社, 1996.

[15] 宁骚. 公共政策学 [M]. 北京: 高等教育出版社, 2003.

[16] 王骚. 政策原理与政策分析 [M]. 天津: 天津大学出版社, 2003.

[17] 李银河. 女性主义 [M]. 济南: 山东人民出版社, 2005.

[18] 王凤华, 贺江平, 等. 社会性别文化的历史与未来 [M]. 北京: 中国社会科

学出版社，2006.

[19] 刘霓. 西方女性学：起源、内涵与发展 [M]. 北京：社会科学文献出版社，2007.

[20] 凯瑟琳·W.伯海德主编. 全球视角：妇女、家庭与公共政策 [M]. 王金玲，等译. 北京：社会科学文献出版社，2004.

[21] 卢现祥. 新制度经济学 [M]. 武汉：武汉大学出版社，2004.

[22] 巴巴拉·阿内尔. 政治学与女性主义 [M]. 郭夏娟，译. 北京：东方出版社，2005.

[23] 黎民，张小山. 西方社会学理论 [M]. 武汉：华中科技大学出版社，2005.

[24] 米切尔·黑尧. 现代国家的政策过程 [M]. 赵成根，译. 北京：中国青年出版社，2004.

[25] 杜芳琴. 赋知识以社会性别——"妇女与社会性别"读书研讨班专辑 [M]. 天津：天津人民出版社，2000.

[26] 蒋美华. 20 世纪中国女性角色变迁 [M]. 天津：天津人民出版社，2008.

[27] 李小江，等. 女人：跨文化对话 [M]. 南京：江苏人民出版社，2005.

[28] 李慧英. 社会性别与公共政策 [M]. 北京：当代中国出版社，2002.

[29] 费孝通. 乡土中国生育制度 [M]. 北京：北京大学出版社，1998.

[30] 艾华. 中国的女性与性相：1949 年以来的性别话语 [M]. 南京：江苏人民出版社，2008.

[31] 刘斌. 政策科学研究（第一卷）[M]. 北京：人民出版社，2000.

[32] 约瑟夫·熊彼特. 经济发展理论 [M]. 北京：商务印书馆，1991.

[33] 安树芬. 中国女性高等教育的历史与现状研究 [M]. 北京：高等教育出版社，2002.

[34] 萧鸣政. 人力资源开发学 [M]. 北京：高等教育出版社，2002.

[35] 颜春杰. 人力资源开发与管理 [M]. 北京：中国社会科学出版社，2004.

[36] 丁厚德. 中国科技运行论 [M]. 北京：清华大学出版社，2001.

[37] 丁水木，张绪山. 社会角色论 [M]. 上海：上海社会科学院出版社，1992.

[38] 陈劲，王飞绒. 创新政策：多国比较和发展框架 [M]. 杭州：浙江大学出版社，2005.

[39] 吴贵明. 中国女性职业生涯发展研究 [M]. 北京：中国社会科学出版社，

2004.

[40] 刘斌. 政策科学研究（第一卷）[M]. 北京：人民出版社，2000.

[41] 林志斌，李小云. 性别与发展导论 [M]. 北京：中国农业大学出版社，2000.

[42] 李银河. 女性权力的崛起 [M]. 北京：中国社会科学出版社，1997.

[43] 李小江. 女性? 主义——文化冲突与身份认同 [M]. 南京：江苏人民出版社，2000.

[44] 何增科. 公民社会与第三部门 [M]. 北京：社会科学文献出版社，2000.

[45] 肖元真. 全球科技创新发展大趋势 [M]. 北京：科学出版社，2000.

[46] 国家科委科技政策局，编. 科技立法——新的开拓领域 [M]. 北京：光明日报出版社，1986.

[47] 张之沧. 科学哲学导论 [M]. 北京：人民出版社，2004.

[48] 杨近平. 毛泽东科技政策思想研究 [M]. 兰州：甘肃科学技术出版社，2006.

[49] 刘雪明. 邓小平政策思想研究 [M]. 广州：广东教育出版社，2004.

[50] 胡维佳. 科技规划、计划与政策研究 [M]. 济南：山东教育出版社，2005.

[51] 江泽民. 论科学技术 [M]. 北京：中央文献出版社，2001.

[52] 肖峰. 论科学精神与人文精神的当代融通 [M]. 南京：江苏人民出版社，2001.

[53] 张金马. 政策科学导论 [M]. 北京：中国人民大学出版社，1992.

[54] 王滨. 科学精神启示录 [M]. 上海：上海科学普及出版社，2005.

[55] 周国雄. 博弈：公共政策执行力与利益主体 [M]. 上海：华东师范大学出版社，2008.

[56] 赵万里. 科学的社会建构 [M]. 天津：天津人民出版社，2002.

[57] 马来平. 科技与社会引论 [M]. 北京：人民出版社，2001.

[58] 殷登祥. 当代中国科学技术和社会的发展 [M]. 武汉：湖北人民出版社，1997.

[59] 郑积源. 跨世纪科技与社会可持续发展 [M]. 北京：人民出版社，1998.

[60] 张建伟，邓琼琼. 中国院士 [M]. 杭州：浙江文艺出版社，1996.

[61] 李克特. 科学是一种文化过程 [M]. 北京：生活·读书·新知三联书店，1989.

[62] 王渝生. 中国科学家群体的崛起 [M]. 济南：山东科学技术出版社，1995.

China's urban workforce[M]. Journal of Socio-Economics，2008.

[3] Innovation Policy in a Knowledge-Based Economy. Publication no. EUR 17023 of the Commission of the European Communities[J]. Luxembourg, June 2000.

[4] Roy Rothwell. Public Policy: To Have or to Have not? [M]. R&D Management, 1986.

[5] Richard R. Nelson. National Innovation Systems: A Comparative Analysis[M]. Oxford University Press, 1993.

[6] Paul A. Sabtier. Theority of the Policy Process[M]. Westview Press,1999.

[7] John Forester. Critical Theory, Public, and Planning Practice: Toward a Critical Pragmatism[M].State University of New York,1993.

[8] Michael Howlett, M. Ramesh. Studying Policy: Policy Cycles and Policy Subsystems [M]. Oxford University Press, 1995.